丛书编委会
主编 萧今
副主编 刘丽芸

诺亚方舟生物多样性保护丛书

滇西北蜜源、香料植物图册

主 编 范中玉 许 琨
副主编 余子哈 李 娟 张 瑛
李 金 刘维暐 黄 华 刘德团

云南出版集团
YNK 云南科技出版社
·昆明·

图书在版编目（CIP）数据

滇西北蜜源、香料植物图册 / 范中玉 , 许琨主编 . -- 昆明 : 云南
科技出版社 , 2021.8

（SEE 诺亚方舟生物多样性保护丛书 / 萧今主编）

ISBN 978-7-5587-3625-4

Ⅰ.①滇… Ⅱ.①范… ②许… Ⅲ.①蜜粉源植物—
云南—图集②香料植物—云南—图集 Ⅳ.① S897-64
② Q949.97-64

中国版本图书馆 CIP 数据核字 (2021) 第 161287 号

滇西北蜜源、香料植物图册

DIANXIBEI MIYUAN、XIANGLIAO ZHIWU TUCE

范中玉　许　琨　主编

出 版 人：温　翔
策　　划：高　亢　李　非　刘　康　胡凤丽
责任编辑：唐　慧　王首斌　张羽佳
整体设计：长策文化
责任校对：张舒园
责任印制：蒋丽芬
书　　号：ISBN 978-7-5587-3625-4
印　　刷：云南华达印务有限公司
开　　本：889mm×1194mm　1/16
印　　张：11
字　　数：230 千字
版　　次：2021 年 8 月第 1 版
印　　次：2021 年 8 月第 1 次印刷
定　　价：80.00 元
出版发行：云南出版集团公司　云南科技出版社
地　　址：昆明市环城西路 609 号
电　　话：0871-64192760

阿拉善 SEE（北京企业家环保基金会）西南项目中心，在滇西北推动的生物多样性保育和推进社区持续发展中，做得很有特色，在社会、经济效益双赢的项目中，首推引入喜马拉雅蜂的养殖。在农村社区，从技术、人员培训起步，进而提供规范蜂箱（活框箱）、成套养蜂工艺，让喜马拉雅蜂在滇西北广大农村社区落户，原生态的蜂蜜产品适销对路，于助力扶贫攻坚发挥着大作用。在深度贫困的滇西北地区显现卓有成效的扶贫效益。

据云南农业大学匡海鸥老师介绍，喜马拉雅蜂是东方蜜蜂（*Apis cerana*）的一个亚种（*Apis cerana himalaya*），在我国分布于西藏南部、云南西北部，巴基斯坦、尼泊尔和印度有分布，喜马拉雅蜂生活在海拔 1000 ~ 4000 米的山区。于滇西北地区而言，喜马拉雅蜂是地道的本土蜂种，与周围的蜜源植物有着天然的密切联系。匡海鸥老师说：喜马拉雅蜂虽然不是最好的高产蜂种，但它与滇西北山地众多植物有着长期协同进化形成的天然联系，这点十分重要。故而建议喜马拉雅蜂每年只采一次蜜，以便给蜂留下蜜蜂过冬的食物，既有利于保障蜂蜜的质量，又可维系着蜜源植物的正常发育生长，这是一种双赢的智慧选择。匡海鸥是养蜂世家，作为一位科技工作者，他为社区持续发展做出实实在在的贡献，楷模之举，社区民众口碑甚佳。

滇西北地区也是天然香料植物资源的富聚区，在高山深谷之间，干热河谷里，生长着不同的香料植物。早年在经济植物普查中曾发现过不少有特色的区域性香料资源植物。据说丽江市已有专门的香料种植农场，香料植物资源的开发会有美好前景。

为了配合滇西北地区养蜂事业的持续发展和培育与发展天然香料植物资源开发利用事业，中科院丽江高山植物园范中玉、许琨等青年科技工作者编纂了《滇西北蜜源、香料植物图册》，对滇西北植物资源的全面发展有基础性作用，有助于区域经济的持续发展。

乐观其成，因为之序。

吕春朝

2021 年 6 月

目 录
CONTENTS

目 录
CONTENTS

目录

CONTENTS

目 录
CONTENTS

诺亚方舟
生物多样性保护丛书

滇西北蜜源、香料植物图册

中文名	描述

华山松
Pinus armandii

松科 Pinaceae
松属 *Pinus*

植株： 乔木。

枝叶： 针叶 5 针一束，稀 6 ～ 7 针一束。

花： 雄球花黄色。

果： 球果圆锥状长卵圆形，幼时绿色，成熟时黄色或褐黄色；种子黄褐色、暗褐色或黑色。

花期： 花期 4—5 月，球果第二年 9—10 月成熟。

实用价值： 可供建筑、家具及木纤维工业原料等用材；树干可割取树脂；树皮可提取栲胶；针叶可提炼芳香油；种子食用，亦可榨油供食用或工业用油。

生境： 生于海拔 1000 ～ 3300 米地带气候温凉而湿润、酸性黄壤、黄褐壤土或钙质土上，组成单纯林或与针叶树阔叶树种混生稍耐干燥瘠薄的土地，生于石灰岩缝隙间。

中文名	描述

云南松
Pinus yunnanensis

松科 Pinaceae
松属 *Pinus*

植株： 乔木。

枝叶： 针叶通常 3 针一束，稀 2 针一束。

花： 雄球花圆柱状。

果： 球果成熟前绿色，熟时褐色或栗褐色。

花期： 花期 4—5 月，球果第二年 10 月成熟。

实用价值： 可供建筑、枕木、板材、家具及木纤维工业原料等用；树干可割取树脂；树根可培育茯苓；树皮可提栲胶；松针可提炼松针油；木材干馏可得多种化工产品。

生境： 分布于西南地区。

中文名	描述

云南铁杉
Tsuga dumosa

松科 Pinaceae
铁杉属 *Tsuga*

植株： 乔木。

枝叶： 大枝开展或微下垂，枝稍下垂，树冠浓密、尖塔形；叶条形。

果： 球果卵圆形或长卵圆形；种子卵圆形或长卵圆形。

花期： 花期 4—5 月，球果 10—11 月成熟。

实用价值： 树皮可提烤胶，树干可割取树脂提炼松香和松节油；树根、树干及枝叶均可提取芳香油。

生境： 生于海拔 2300 ～ 3500 米高山地带组成单纯林或他针叶混交林。

中文名	描述

丽江铁杉
Tsuga chinensis var. *forrestii*

松科 Pinaceae
铁杉属 *Tsuga*

植株：乔木。

枝叶：小枝有毛；叶条形，排列成两列，全缘，稀上部边缘具细锯齿，先端钝有凹缺。

果：球果较大，圆锥状卵圆形或长卵圆形。

花期：花期 4—5 月，球果 10 月成熟。

实用价值：木材供建筑；树根、树干及枝叶均可提取芳香油。

生境：生于海拔 2000 ～ 3000 米山谷之中。

中文名	描述

刺柏
Juniperus formosana

柏科 Cupressaceae
刺柏属 *Juniperus*

植株：乔木。

枝叶：小枝下垂，三棱形；叶三叶轮生，条状披针形或条状刺形。

花：雄球花圆球形或椭圆形。

果：球果近球形或宽卵圆形；种子半月圆形。

实用价值：根治皮肤癣，木材和提取香料。

生境：云南则为 1800 ～ 3400 米地带，多散生于林中。

中文名	描述

侧柏
Platycladus orientalis

柏科 Cupressaceae
侧柏属 *Platycladus*

植株：乔木。

枝叶：枝条向上伸展或斜展，幼树树冠卵状尖塔形，老树树冠则为广圆形；叶鳞形。

花：雄球花黄色，卵圆形。

果：球果近卵圆形；种子卵圆形或近椭圆形。

花期：花期 3—4 月，球果 10 月成熟。

实用价值：可供建筑、器具、家具、农具及文具等用材；种子与生鳞叶的小枝入药。

生境：在云南中部及西北部达 3300 米。

中文名	描述

垂枝香柏
Sabina pingii

柏科 Cupressaceae
圆柏属 *Sabina*

植株：乔木。

枝叶：生叶的小枝呈柱状六棱形，下垂。

花：雄球花椭圆形或卵圆形。

果：球果卵圆形或近球形，熟时黑色，有光泽；种子卵圆形或近球形。

花期：花期 4—6 月，球果 10—11 月。

实用价值：木材结构细致，有芳香，耐久用；作建筑、器具、家具等用材；可作分布区内森林更新及荒山造林树种。

生境：为我国特有树种，云南西北部海拔 2600～3800 米地带，常与云杉类、落叶松类针叶树种混生成林。

中文名	描述

球蕊五味子
Schisandra sphaerandra

五味子科 Schisandraceae
五味子属 *Schisandra*

植株：落叶木质藤本。

枝叶：叶倒披针形、狭椭圆形。

花：花深红色。

果：聚合果。

花期：花期 5—6 月，果期 8—9 月。

实用价值：果子可做药。

生境：生于海拔 2300～3900 米的阔叶混交林或针叶云杉和冷杉林间。

中文名	描述

单叶细辛
Asarum himalaicum

马兜铃科 Aristolochiaceae
细辛属 *Asarum*

植株：多年生草本。

枝叶：叶片心形或圆心形。

花：花深紫红色。

果：果近球状。

花期：花期 4—6 月。

实用价值：根状茎和根主治镇痛、镇疼、解表和药用植物。

生境：生于海拔 1300～3100 米溪边林下阴湿地。

中文名	描述

厚朴
Houpoea officinalis

木兰科 Magnoliaceae
厚朴属 *Houpoea*

植株： 落叶乔木。

枝叶： 叶大，长圆状倒卵形。

花： 花白色。

果： 聚合果长圆状卵圆形；蓇葖；种子三角状倒卵形。

花期： 花期 5—6 月，果期 8—10 月。

实用价值： 树皮、根皮、花、种子及芽皆可入药；种子有明目益气功效，芽作妇科药用；种子可榨油。

生境： 生于海拔 300 ～ 1500 米的山地林间。

中文名	描述

云南含笑
Michelia yunnanensis

木兰科 Magnoliaceae
含笑属 *Michelia*

植株： 灌木。

枝叶： 叶革质、倒卵形。

花： 花白色，极芳香。

果： 聚合果。

花期： 花期 3—4 月，果期 8—9 月。

实用价值： 花极芳香，可提取浸膏；叶有香气，可磨粉作香面。

生境： 生于海拔 1100 ～ 2300 米的山地灌丛中。

中文名	描述

樟
Cinnamomum camphora

樟科 Lauraceae
樟属 *Cinnamomum*

植株： 常绿乔木。

枝叶： 叶卵状椭圆形，下面干时常带白色，离基三出脉，侧脉及支脉脉腋下面有明显的腺窝。

花： 圆锥花序腋生，花小，淡黄色。

果： 果球形，黑色。

花期： 花期 3—5 月，果期 7—9 月。

实用价值： 药用和香料植物。

生境： 山地常绿阔叶林中。

中文名	描述

梾木
Cornus macrophylla

山茱萸科 Cornaceae
山茱萸属 *Cornus*

植株: 乔木。

枝叶: 幼枝具棱角,初被灰色伏生短柔毛,老枝皮孔及叶痕显著;叶纸质,对生,椭圆形或卵状长圆形。

花: 顶生伞房状聚伞花序,疏被短柔毛;花白色。

果: 核果近圆球形,成熟时黑色。

花期: 花期 6—7(9)月,果期 7—10(11)月。

实用价值: 药用植物和蜜源植物。

生境: 生于海拔 1700 ~ 3400 米的杂木林中。

中文名	描述

高山木姜子
Litsea chunii

樟科 Lauraceae
木姜子属 *Litsea*

植株: 落叶灌木。

枝叶: 叶互生,椭圆形。

花: 伞形花序单生。

果: 果卵圆形。

花期: 花期 3—4 月,果期 7—8 月。

实用价值: 叶、果实均有芳香味,可提取芳香油。

生境: 生于向阳山坡、溪旁及灌丛中,海拔 1500 ~ 3400 米。

中文名	描述

粗茎秦艽
Gentiana crassicaulis

龙胆科 Gentianaceae
龙胆属 *Gentiana*

植株: 多年生草本。

枝叶: 莲座丛叶卵状椭圆形或狭椭圆形。

花: 花在茎顶簇生呈头状,花冠壶状,檐部深蓝色或蓝紫色,内面有斑点。

果: 蒴果内藏。

花期: 花果期 6—10 月。

实用价值: 做药和蜜源植物。

生境: 生于山坡草地、山坡路旁、高山草甸、荒地、灌丛中、林下及林缘。

中文名	描述

防己叶菝葜
Smilax menispermoidea

菝葜科 Smilacaceae
菝葜属 *Smilax*

植株： 攀援灌木。

枝叶： 枝条无刺；叶卵形或宽卵形；叶柄有卷须。

花： 伞形 花序；花紫红色。

果： 浆果，熟时紫黑色。

花期： 花期 5—6 月，果期 10—11 月。

实用价值： 药用和蜜源植物。

生境： 生林下、灌丛中或山坡阴处；海拔通常 2600～3700 米。

中文名	描述

葱
Allium fistulosum

百合科 Liliaceae
葱属 *Allium*

植株： 草本。

枝叶： 鳞茎单生，圆柱状，鳞茎外皮白色，稀淡红褐色，膜质至薄革质，不破裂；叶圆筒状，中空，向顶端渐狭。

花： 伞形花序球状，多花，较疏散，花白色。

果： 种子黑色。

花期： 花果期 4—7 月。

实用价值： 可食用亦可做药。

生境： 各地均有栽培。

中文名	描述

川贝母
Fritillaria cirrhosa

百合科 Liliaceae
贝母属 *Fritillaria*

植株： 草本。

枝叶： 叶对生，条形至条状披针形，先端稍卷曲。

花： 花通常单朵，紫色至黄绿色，通常有小方格，少数仅具斑点或条纹。

果： 蒴果，棱上狭翅。

花期： 花期 5—7 月，果期 8—10 月。

实用价值： 治虚劳咳嗽，吐痰咯血，心胸郁结等，药用和蜜源植物。

生境： 生于海拔 3600 米以上。

016

016

017

018

017

018

中文名

金黄花滇百合
Lilium bakerianum var. *aureum*

百合科 Liliaceae
百合属 *Lilium*

描述

植株：草本。

枝叶：叶散生于茎的中上部，条形或条状披针形。

花：花黄绿色或橄榄绿至淡绿色，内具红紫色或鲜红色斑点。

果：蒴果矩圆形。

花期：花期 7 月。

实用价值：观赏和蜜源植物。

生境：生山坡林中或草坡，海拔 2500～3800 米。

中文名

匍茎百合
Lilium lankongense

百合科 Liliaceae
百合属 *Lilium*

描述

植株：多年生草本。

枝叶：叶条形，苞片常一对，不具走茎。

花：花单生。

果：蒴果矩圆形。

花期：花期 7—8 月；果期次年 10—12 月。

实用价值：观赏和药用。

生境：生于松林、杜鹃林、云杉林、草坡、石灰岩山灌丛。

中文名

无斑滇百合
Lilium bakerianum var. *yunnanense*

百合科 Liliaceae
百合属 *Lilium*

描述

植株：草本。

枝叶：叶缘有小乳头状突起，两面有白色柔毛。

花：花白色或淡玫瑰色，无斑点。

果：蒴果矩圆形。

花期：花期 9 月。

实用价值：观赏和蜜源植物。

生境：生于海拔 2000～2800 米松林下或草地上。

中文名		描述

022

川百合
Lilium davidii

百合科 Liliaceae
百合属 *Lilium*

植株： 草本。

枝叶： 鳞茎近宽球形；鳞片白色；叶散生，矩圆状披针形或披针形。

花： 花梗紫色，有白色绵毛；花下垂，花被片披针形，反卷，橙红色，有紫黑色斑点。

果： 蒴果狭长卵形。

花期： 花期 7—8 月，果期 9—10 月。

实用价值： 鳞茎富含淀粉，供食用，亦可作药用；花含芳香油，可作香料。

生境： 生于海拔 400～2500 米山坡灌木林下、草地，路边或水旁。

023

紫花百合
Lilium souliei

百合科 Liliaceae
百合属 *Lilium*

植株： 草本。

枝叶： 叶散生，长椭圆形、披针形或条形。

花： 花钟形，紫红色，无斑点，里面基部颜色变淡。

果： 蒴果近球形，带紫色。

花期： 花期 6—7 月，果期 8—10 月。

实用价值： 观赏和蜜源植物。

生境： 生于海拔 1200～4000 米山坡草地或灌木林缘。

024

假百合
Notholirion bulbuliferum

百合科 Liliaceae
百合属 *Notholirion*

植株： 草本。

枝叶： 小鳞茎多数，卵形；茎生叶条状披针形。

花： 花淡紫色或蓝紫色。

果： 蒴果矩圆形或倒卵状矩圆形，有钝棱。

花期： 花期 7 月，果期 8 月。

实用价值： 治胃痛腹胀，胸闷，呕吐反胃，风寒咳嗽，小儿惊风；蜜源植物和观赏。

生境： 生于海拔 3000～4500 米高山草丛或灌木丛中。

中文名	描述

白及
Bletilla striata

兰科 Orchidaceae
白及属 *Bletilla*

植株： 草本。

枝叶： 假鳞茎扁球形，上面具荸荠似的环带，富粘性；叶狭长圆形或披针形。

花： 花序具 3～10 朵花；花紫红色或粉红色。

果： 蒴果长圆状纺锤形。

花期： 花期 4—5 月。

实用价值： 观赏和蜜源植物。

生境： 生于海拔 100～3200 米的常绿阔叶林下，栋树林或针叶林下、路边草丛或岩石缝中。

中文名	描述

康定玉竹
Polygonatum prattii

天门冬科 Asparagaceae
黄精属 *Polygonatum*

植株： 草本。

枝叶： 根状茎细圆柱形，叶多为互生和对生，椭圆形至矩圆形。

花： 花序通常具 2(～3) 朵花，花被淡紫色。

果： 浆果紫红色至褐色。

花期： 花期 5—6 月，果期 8—10 月。

实用价值： 观赏和蜜源植物。

生境： 生于海拔 2500～3300 米林下、灌丛或山坡草地。

中文名	描述

棕榈
Trachycarpus fortunei

棕榈科 Arecaceae
棕榈属 *Trachycarpus*

植株： 乔木状。

枝叶： 叶片呈 3/4 圆形或者近圆形。

花： 花序从叶腋抽出，通常是雌雄异株；雄花黄绿色；雌花淡绿色。

果： 果实阔肾形，有脐。

花期： 花期 4 月，果期 12 月。

实用价值： 果实用于鼻衄、吐血、尿血、便血、高血压。

生境： 大部分地区均有。

中文名	描述

香蕉
Musa nana

芭蕉科 Musaceae
芭蕉属 *Musa*

植株： 多年生草本。

枝叶： 植株丛生，具匍匐茎，叶片长圆形。

花： 穗状花序下垂，花乳白色或略带浅紫色。

果： 浆果肉质。

花期： 花期四季都可以开放。

实用价值： 治热病烦渴，便秘，痔血；食用和观赏。

生境： 滇西北主要分布在干热河谷地区。

中文名	描述

地涌金莲
Musella lasiocarpa

芭蕉科 Musaceae
地涌金莲属 *Musella*

植株： 多年生草本。

枝叶： 植株丛生，具水平向根状茎；叶片长椭圆形。

花： 花序直立，直接生于假茎上，密集如球穗状，黄色或淡黄色。

果： 浆果三棱状卵形。

花期： 花期四季都可以开放。

实用价值： 收敛止血。用于红崩，白带，便血；蜜源植物。

生境： 多生于海拔 1500 ～ 2500 米山间坡地或栽于庭园内。

中文名	描述

早花象牙参
Roscoea cautleoides

姜科 Zingiberaceae
象牙参属 *Roscoea*

植株： 多年生草本。

枝叶： 茎基具 2 ～ 3 枚薄膜质的鞘；叶 2 ～ 4 片，披针形或线形。

花： 花后叶而出或与叶同出；花黄色或蓝紫色、深紫色、白色。

果： 蒴果长圆形。

花期： 花期 6—8 月。

实用价值： 蜜源植物。

生境： 生于海拔 2100 ～ 3500 米山坡草地、灌丛或松林下。

中文名	描述

稻
Oryza sativa

禾本科 Poaceae
稻属 *Oryza*

植株：一年生水生草本。

枝叶：叶片线状披针形。

花：圆锥花序大型舒展。

果：颖果。

花期：花期颖果，花期 6—7 月。

实用价值：主要粮食作物。

生境：亚洲热带广泛种植的重要谷物，我国南方为主要产稻区，北方各省均有栽种。

中文名	描述

假小檗
Berberis fallax

小檗科 Berberidaceae
小檗属 *Berberis*

植株：常绿灌木。

枝叶：叶薄革质，长圆状椭圆形至披针形。

花：花 3 ~ 7 朵簇生；花黄色。

果：浆果椭圆形。

花期：花期 2—3 月，果期 9—11 月。

实用价值：药用植物和蜜源植物。

生境：生于海拔 1800 ~ 3200 米山坡灌丛中或林中。

中文名	描述

粉叶小檗
Berberis pruinosa

小檗科 Berberidaceae
小檗属 *Berberis*

植株：常绿灌木。

枝叶：叶硬革质，椭圆形。

花：花（8 ~）10 ~ 20 朵簇生。

果：浆果椭圆形或近球形。

花期：花期 3—4 月，果期 6—8 月。

实用价值：药用植物和蜜源植物。

生境：生于海拔 1800 ~ 4000 米灌丛中，高山栎林、云杉林缘、路边或针叶林下。

中文名	描述

桃儿七
Sinopodophyllum hexandrum

小檗科 Berberidaceae
桃儿七属 *Sinopodophyllum*

植株： 多年生草本。

枝叶： 叶 2 枚，不为盾状，基部心形。

花： 花大形，单生，两性，整齐，粉红色，先叶开放。

果： 浆果大形。

花期： 花期 5 月，果期 8—9 月。

实用价值： 根茎、须根，果实均可入药。

生境： 生于海拔 2200—4300 米的林下。

中文名	描述

云南银莲花
Anemone demissa var. *yunnanensis*

毛茛科 Ranunculaceae
银莲花属 *Anemone*

植株： 小灌木。

枝叶： 叶片卵形，全裂片和末回裂片均互相分开，末回裂片顶端钝或圆形。

花： 花白色。

果： 瘦果扁平，椭圆形或倒卵形。

花期： 花期 6—7 月开花。

实用价值： 蜜源植物。

生境： 生于海拔 3200 ～ 4600 米间山地草坡或疏林中。

中文名	描述

打破碗花花
Anemone hupehensis

毛茛科 Ranunculaceae
银莲花属 *Anemone*

植株： 多年生草本。

枝叶： 叶背面有稀疏的毛。

花： 聚伞花序。

果： 聚合果球形。

花期： 花期 7—10 月开花。

实用价值： 根状茎药用。

生境： 生于海拔 400 ～ 1800 米间低山或丘陵的草坡或沟边。

中文名	描述

草玉梅
Anemone rivularis

毛茛科 Ranunculaceae
银莲花属 *Anemone*

植株：多年生草本。
枝叶：叶片肾状五角形。
花：聚伞花序；花白色。
果：瘦果狭卵球形，稍扁。
花期：花期 5—8 月开花。
实用价值：根状茎和叶供药用。
生境：生于海拔 1600 ～ 4004 米山地草坡、小溪边或湖边。

中文名	描述

甘肃耧斗菜
Aquilegia oxysepala var.
kansuensis

毛茛科 Ranunculaceae
耧斗菜属 *Aquilegia*

植株：多年生草本。
枝叶：叶楔状倒卵形。
花：花 3 ～ 5 朵；花瓣瓣片黄白色。
果：蓇葖果。
花期：花期 5—6 月开花，7—8 月结果。
实用价值：药用植物、观赏和蜜源植物。
生境：生于海拔 1300 ～ 2700 米间的山地草坡。

中文名	描述

直距耧斗菜
Aquilegia rockii

毛茛科 Ranunculaceae
耧斗菜属 *Aquilegia*

植株：多年生草本。
枝叶：叶片背面只近基部处被短柔毛。
花：花紫红色或蓝色。
果：蓇葖果。
花期：花期 6—8 月开花，7—9 月结果。
实用价值：药用植物、观赏和蜜源植物。
生境：生于海拔 2500 ～ 3500 米间的山地杂木林下或路旁。

中文名	描述

水毛茛
Batrachium bungei

毛茛科 Ranunculaceae
水毛茛属 *Batrachium*

植株：多年生沉水草本。

枝叶：叶片轮廓近半圆形或扇状半圆形。

花：花萼片反折；花瓣白色，基部黄色。

果：聚合果卵球形。

花期：花期 5—8 月。

实用价值：蜜源植物。

生境：生于山谷溪流、河滩积水地、平原湖中或水塘中。

中文名	描述

驴蹄草
Caltha palustris

毛茛科 Ranunculaceae
驴蹄草属 *Caltha*

植株：多年生草本。

枝叶：叶片圆形，圆肾形或心形。

花：茎或分枝顶部有由 2 朵花组成的简单的单歧聚伞花序。

果：蓇葖果。

花期：花期 5—9 月开花，6 月开始结果。

实用价值：全草可供药用。

生境：生于海拔 1900 ~ 4000 米间山谷溪边或湿草甸，有时也生在草坡或林下较阴湿处。

中文名	描述

金毛铁线莲
Clematis chrysocoma

毛茛科 Ranunculaceae
铁线莲属 *Clematis*

植株：木质藤本。

枝叶：茎、枝圆柱形，有纵条纹，小枝密生黄色短柔毛，后变无毛。

花：花 1 ~ 3(~ 5) 朵与叶簇生。

果：瘦果扁，卵形至倒卵形。

花期：花期 4—7 月，果期 7—11 月。

实用价值：全株药用。

生境：分布于 1000 ~ 3200 米山坡、山谷的灌丛中、林下、林边或河谷。

中文名	描述

043

美花铁线莲
Clematis potaninii

毛茛科 Ranunculaceae
铁线莲属 *Clematis*

植株：藤本。

枝叶：茎、枝有纵沟，紫褐色，有短柔毛，幼时较密，老时外皮剥落。一至二回羽状复对生，茎上部有时为三出叶，小叶片薄纸质，倒卵状椭圆形、卵形至宽卵形。

花：花腋生；白色，楔状倒卵形或长圆状倒卵形。

果：瘦果无毛，倒卵形或卵圆形。

花期：花期 6—8 月，果期 8—10 月。

实用价值：茎入药，花观赏和蜜源植物。

生境：生于海拔 1400 ～ 4000 米山坡或山谷林下或林边。

044

丽江翠雀花
Delphinium likiangense

毛茛科 Ranunculaceae
翠雀属 *Delphinium*

植株：多年生草本。

枝叶：叶片五角状圆形，细裂。

花：总状花序；花瓣蓝色。

果：蓇葖，沿棱有纵翅。

花期：花期 8—9 月开花。

实用价值：叶干后磨成粉可杀虱子。

生境：生于海拔 3400 ～ 4500 米山地草坡或多石砾山坡。

045

云生毛茛
Ranunculus longicaulis var.
nephelogense

毛茛科 Ranunculaceae
毛茛属 *Ranunculus*

植株：多年生草本。

枝叶：叶片线形，全缘。

花：花单生茎顶或短分枝顶端，花瓣有短爪，蜜槽呈杯状袋穴。

果：聚合果长圆形。

花期：花果期 6—8 月。

实用价值：蜜源植物。

生境：生于海拔 3000 ～ 5000 米的高山草甸、河滩湖边及沼泽草地。

中文名	描述

偏翅唐松草
Thalictrum delavayi

毛茛科 Ranunculaceae
唐松草属 *Thalictrum*

植株：多年生草本。

枝叶：植株全部无毛。

花：圆锥花序。

果：瘦果扁，斜倒卵形，约有 8 条纵肋，沿腹棱和背棱有狭翅。

花期：花期 6—9 月开花。

实用价值：根可治风火牙痛、眼痛等症。

生境：生于海拔 1900 ～ 3400 米间山地林边、沟边、灌丛或疏林中。

中文名	描述

云南金莲花
Trollius yunnanensis

毛茛科 Ranunculaceae
金莲花属 *Trollius*

植株：多年生草本。

枝叶：叶片干时常变暗绿色，五角形。

花：花单生茎顶端或 2 ～ 3 朵组成顶生聚伞花序。

果：聚合果近球形。

花期：花期 6—9 月开花，9—10 月结果。

实用价值：观赏和蜜源植物。

生境：分布于海拔 2700 ～ 3600 米间山地草坡或溪边草地，偶尔生于林下。

中文名	描述

泡花树
Meliosma cuneifolia

清风藤科 Sabiaceae
泡花树属 *Meliosma*

植株：落叶灌木或乔木。

枝叶：叶为单叶，枝倒卵状楔形或狭倒卵状楔形。

花：圆锥花序顶生。

果：核果扁球形。

花期：花期 6—7 月，果期 9—11 月。

实用价值：叶可提单宁，树皮可剥取纤维，根皮药用。

生境：生于海拔 650 ～ 3300 米的落叶阔叶树种或针叶树种的疏林或密林中。

中文名	描述
049 **云南清风藤** *Sabia yunnanensis* 清风藤科 Sabiaceae 清风藤属 *Sabia*	**植株：**落叶攀援木质藤本。 **枝叶：**叶卵状披针形，长圆状卵形或倒卵状长圆形。 **花：**聚伞花序有花 2 ～ 4 朵；花绿色或黄绿色。 **果：**分果爿近肾形。 **花期：**花期 4—5 月，果期 5 月。 **生境：**生于海拔 2000 ～ 3600 米的山谷、溪旁、疏林中。

中文名	描述
050 **双蕊野扇花** *Sarcococca hookeriana* var. *digyna* 黄杨科 Buxaceae 野扇花属 *Sarcococca*	**植株：**常绿灌木。 **枝叶：**叶长圆状披针形。 **花：**花白色或淡黄色。 **果：**果实为核果，卵形或球形。 **花期：**花期 10 月至翌年 2 月。 **实用价值：**药用和蜜源植物。 **生境：**生于林下阴处，海拔 1000 ～ 3500 米。

中文名	描述
051 **紫牡丹** *Paeonia delavayi* 芍药科 Paeoniaceae 芍药属 *Paeonia*	**植株：**亚灌木。 **枝叶：**叶片轮廓为宽卵形或卵形。 **花：**花 2 ～ 5 朵，生枝顶和叶腋；花瓣红色、红紫色，倒卵形。 **果：**蓇葖果。 **花期：**花期 5 月；果期 7—8 月。 **实用价值：**根药用。 **生境：**生于海拔 2300 ～ 3700 米的山地阳坡及草丛中。

049

049

050

050

051

051

051

中文名	描述

黄牡丹
Paeonia delavayi var. *lutea*

芍药科 Paeoniaceae
芍药属 *Paeonia*

植株：亚灌木。
枝叶：叶片轮廓为宽卵形或卵形。
花：花瓣黄色，有时边缘红色或基部有紫色斑块。
果：蓇葖果。
花期：花期 5 月；果期 7—8 月。
实用价值：根药用。
生境：生于海拔 2500～3500 米的山地林缘。

中文名	描述

冰川茶藨子
Ribes glaciale

茶藨子科 Grossulariaceae
茶藨子属 *Ribes*

植株：落叶灌木。
枝叶：叶长卵圆形。
花：花单性，雌雄异株，组成直立总状花序；花丝红色，花药紫红色或紫褐色。
果：果实近球形或倒卵状球形。
花期：花期 4—6 月，果期 7—9 月。
实用价值：果味酸，可供食用。
生境 生于海拔 900～3000 米山坡或山谷丛林及林缘或岩石上。

中文名	描述

岩白菜
Bergenia purpurascens

虎耳草科 Saxifragaceae
岩白菜属 *Bergenia*

植株：多年生草本。
枝叶：叶片倒卵形、狭倒卵形至近椭圆形。
花：聚伞花序圆锥状；花瓣紫红色。
果：蒴果，种子黑色，具棱。
花期：花果期 5—10 月。
实用价值：全草含香豆精类，根状茎入药。
生境：生于海拔 2700～4800 米的林下、灌丛、高山草甸和高山碎石隙。

| 中文名 | 描述 |

羽叶鬼灯檠
Rodgersia pinnata

虎耳草科 Saxifragaceae
鬼灯檠属 *Rodgersia*

植株：多年生草本。

枝叶：小叶片椭圆形，边缘有重锯齿。

花：多歧聚伞花序圆锥状；花瓣不存在。

果：蒴果紫色。

花期：花果期 6—8 月。

实用价值：根状茎含淀粉，可制酒、醋和酱油；叶含鞣质，可提制栲胶。

生境：生于海拔 2400 ～ 3800 米的林下、林缘、灌丛、高山草甸或石隙。

| 中文名 | 描述 |

鞍叶羊蹄甲
Bauhinia brachycarpa

豆科 Fabaceae
羊蹄甲属 *Bauhinia*

植株：小灌木。

枝叶：叶纸质或膜质，近圆形。

花：花瓣白色，倒披针形。

果：荚果长圆形。

花期：花期 5—7 月；果期 8—10 月。

实用价值：蜜源植物和观赏植物。

生境：生于海拔 800 ～ 2200 米的山地草坡和河溪旁灌丛中。

| 中文名 | 描述 |

云南锦鸡儿
Caragana franchetiana

豆科 Fabaceae
锦鸡儿属 *Caragana*

植株：灌木。

枝叶：羽状复叶有；小叶倒卵状长圆形或长圆形。

花：花冠黄色，有时旗瓣带紫色；子房被密柔毛。

果：荚果圆筒状，被密伏贴柔毛，里面被褐色绒毛。

花期：花期 5—6 月，果期 7 月。

实用价值：蜜源植物。

生境：生于海拔 3300 ～ 4000 米的山坡灌丛、林下或林缘。

中文名	描述

云南山蚂蝗
Desmodium yunnanense

豆科 Fabaceae
山蚂蝗属 *Desmodium*

植株：灌木。

枝叶：叶为 3 小叶，或具单小叶。

花：圆锥花序较大。

果：荚果扁平。

花期：花期 8—9 月，果期 9—10 月。

实用价值：蜜源植物。

生境：生于海拔 1000 ～ 2200 米山坡石砾地、荒草坡、灌丛及松栎林林缘。

中文名	描述

百脉根
Lotus corniculatus

豆科 Fabaceae
百脉根属 *Lotus*

植株：多年生草本。

枝叶：羽状复叶，小叶斜卵形至倒披针状卵形。

花：伞形花序；花冠黄色或金黄色，干后常变蓝色。

果：荚果直，线状圆柱形。

花期：花期 5—9 月，果期 7—10 月。

实用价值：本种是良好的微草或饲料，又是优良的蜜源植物之一。

生境：生于湿润而呈弱碱性的山坡、草地、田野或河滩地。

中文名	描述

草木犀
Melilotus officinalis

豆科 Fabaceae
草木樨属 *Melilotus*

植株：二年生草本。

枝叶：茎具纵棱，微被柔毛；羽状三出复叶；小叶倒卵形、阔卵形、倒披针形至线形。

花：总状花序；花冠黄色。

果：荚果卵形。

花期：花期 5—9 月，果期 6—10 月。

实用价值：蜜源植物和牧草。

生境：生于山坡、河岸、路旁、砂质草地及林缘。

058

058

059

060

中文名	描述
尼泊尔黄花木 *Piptanthus nepalensis* 豆科 Fabaceae 黄花木属 *Piptanthus*	植株：灌木。 枝叶：小叶披针形、长圆状椭圆形或线状卵形。 花：总状花序顶生；花冠黄色。 果：荚果阔线形，扁平。 花期：花期 4—6 月，果期 6—7 月。 实用价值：观赏植物和蜜源植物。 生境：生于海拔 3000 米左右山坡针叶林缘、草地灌丛或河流旁。

中文名	描述
绒叶黄花木 *Piptanthus tomentosus* 豆科 Fabaceae 黄花木属 *Piptanthus*	植株：灌木。 枝叶：茎具沟棱；小叶卵状椭圆形。 花：总状花序顶生；花冠黄色。 果：荚果线形，密被锈色绒毛，种子圆肾形。 花期：花期 4—7 月，果期 8—9 月。 实用价值：观赏植物和蜜源植物。 生境：生于海拔 3000 米山坡草地、林缘灌丛。

中文名	描述
香花槐 *Robinia pseudoacacia* *'idaho'* 豆科 Leguminosae 刺槐属 *Robinia*	植株：落叶乔木；树干为褐色至灰褐色。 枝叶：叶互生，羽状复叶、叶椭圆形至卵状长圆形。 花：密生成总状花序，作下垂状；花被红色，有浓郁的芳香气味。 果：无荚果不结种子。 花期：花期 5—7 月。 实用价值：观赏和蜜源植物。 生境：园艺品种。

中文名

白刺花
Sophora davidii

豆科 Fabaceae
苦参属 *Sophora*

描述

植株：灌木或小乔木。

枝叶：羽状复叶；小叶椭圆状卵形或倒卵状长圆形。

花：总状花序着生于小枝顶端；花冠白色或淡黄色，有时旗瓣稍带红紫色。

果：荚果非典型串珠状。

花期：花期 3—8 月，果期 6—10 月。

实用价值：蜜源植物。

生境：生于海拔 2500 米以下河谷沙丘和山坡路边的灌木丛中。

中文名

大花野豌豆
Vicia bungei

豆科 Fabaceae
野豌豆属 *Vicia*

描述

植株：一年生或二年生草本。

枝叶：偶数羽状复叶。

花：花 1～2（～4）腋生，花冠紫红色或红色。

果：荚果线长圆形。

花期：花期 4—7 月，果期 7—9 月。

实用价值：为绿肥及优良牧草；全草药用。

生境：生于海拔 50～3000 米荒山、田边草丛及林中。

中文名

广布野豌豆
Vicia cracca

豆科 Fabaceae
野豌豆属 *Vicia*

描述

植株：多年生植物。

枝叶：茎匍匐或蔓生，柔软；小叶两端锐尖，被疏柔毛，最下面的一对侧脉向上展至叶中部以上；小叶线形，侧脉稀疏向上。

花：总状花序与叶轴近等长，花萼钟状，萼齿 5，花冠紫色、蓝紫色或紫红色；旗瓣瓣片与瓣柄近等长。

果：荚果长圆形或长圆菱形。

花期：花期 5—9 月。

实用价值：绿肥和蜜源植物。

生境：草甸、林缘、山坡、河滩草地及灌丛。

中文名	描述

紫藤
Wisteria sinensis

豆科 Fabaceae
紫藤属 *Wisteria*

植株：落叶藤本。

枝叶：茎左旋；小叶卵状椭圆形至卵状披针形。

花：总状花序；花冠紫色。

果：荚果倒披针形。

花期：花期 4 月中旬至 5 月上旬，果期 5—8 月。

实用价值：茎皮和花主治咽喉炎、咳嗽、遗精；蜜源植物。

生境：广泛栽培。

中文名	描述

黄龙尾
Agrimonia pilosa var. *nepalensis*

蔷薇科 Rosaceae
龙牙草属 *Agrimonia*

植株：多年生草本。

枝叶：叶上面脉上被长硬毛或微硬毛；叶为间断奇数羽状复叶；小叶片倒卵形。

花：花序穗状总状顶生；花瓣黄色。

果：果实倒卵圆锥形。

花期：花果期 5—12 月。

实用价值：全草供药用。

生境：生于海拔 100 ～ 3500 米溪边、山坡草地及疏林中。

中文名	描述

微毛樱桃
Cerasus clarofolia

蔷薇科 Rosaceae
樱属 *Cerasus*

植株：灌木或小乔木。

枝叶：叶片卵形，卵状椭圆形，或倒卵状椭圆形。

花：花序伞形或近伞形，花叶同开；花瓣白色或粉红色，倒卵形至近圆形。

果：核果红色，长椭圆形；核表面微具棱纹。

花期：花期 4—6 月，果期 6—7 月。

实用价值：蜜源植物。

生境：生于海拔 800 ～ 3600 米山坡林中或灌丛中。

中文名	描述
小叶栒子 *Cotoneaster microphyllus* 蔷薇科 Rosaceae 栒子属 *Cotoneaster*	植株：常绿矮生灌木。 枝叶：叶片厚革质，倒卵形至长圆倒卵形。 花：花通常单生，花瓣白色。 果：果实球形，红色。 花期：花期 5—6 月，果期 8—9 月。 实用价值：点缀岩石园的良好植物。 生境：生于海拔 2500～4100 米多石山坡地、灌木丛中。

中文名	描述
蛇莓 *Duchesnea indica* 蔷薇科 Rosaceae 蛇莓属 *Duchesnea*	植株：多年生草本。 枝叶：小叶片倒卵形至菱状长圆形。 花：花单生于叶腋；花瓣倒卵形，黄色。 果：瘦果卵形。 花期：花期 6—8 月，果期 8—10 月。 实用价值：全草药用，全草水浸液可防治农业害虫、杀蛆、孑孓等。 生境：生于山坡、河岸、草地、潮湿的地方。

中文名	描述
黄毛草莓 *Fragaria nilgerrensis* 蔷薇科 Rosaceae 草莓属 *Fragaria*	植株：多年生草本。 枝叶：叶三出，小叶片倒卵形或椭圆形。 花：聚伞花序 (1)2～5(6) 朵；花瓣白色。 果：聚合果圆形；瘦果卵形。 花期：花期 4—7 月，果期 6—8 月。 实用价值：蜜源植物。 生境：生于海拔 700～3000 米山坡草地或沟边林下。

中文名	描述

野草莓
Fragaria vesca

蔷薇科 Rosaceae
草莓属 *Fragaria*

植株：多年生草本。

枝叶：叶片倒卵圆形，叶柄被开展的毛。

花：花序聚伞状，花瓣白色，花梗被紧贴柔毛，萼片在果期开展或反折。

果：聚合果卵球形，红色。

花期：花期 4—6 月，果期 6—9 月。

实用价值：蜜源植物。

生境：生于山坡、草地、林下。

中文名	描述

红花
Carthamus tinctorius

菊科 Asteraceae
红花属 Carthamus

植株：一年生草本。

枝叶：茎枝白色或淡白色，光滑，无毛。中下部茎叶披针形、披状披针形或长椭圆形，全部叶质地坚硬，革质。

花：头状花序多数，小花红色、橘红色，全部为两性。

果：瘦果倒卵形，乳白色，有 4 棱，

花期：花果期 5—8 月。

实用价值：入药、油源作物。

生境：原产中亚地区，主要引种栽培。

中文名	描述

沧江海棠
Malus ombrophila

蔷薇科 Rosaceae
苹果属 *Malus*

植株：乔木。

枝叶：叶片卵形。

花：伞形总状花序；花瓣卵形，白色。

果：果实近球形，红色，先端有杯状浅洼。

花期：花期 6 月，果期 8 月。

实用价值：观果植物和蜜源植物。

生境：生于海拔 2000～3500 米山谷沟边杂木林中。

中文名	描述

短梗稠李
Padus brachypoda

蔷薇科 Rosaceae
稠李属 *Padus*

植株：落叶乔木。

枝叶：叶片长圆形。

花：总状花序具有多花；花瓣白色。

果：核果球形，幼时紫红色，老时黑褐色，无毛；核光滑。

花期：花期 4—5 月，果期 5—10 月。

实用价值：蜜源植物。

生境：生于海拔 1500 ～ 2500 米山坡灌丛中或山谷和山沟林中。

中文名	描述

金露梅
Potentilla fruticosa

蔷薇科 Rosaceae
委陵菜属 *Potentilla*

植株：灌木。

枝叶：羽状复叶，小叶片长圆形、倒卵长圆形或卵状披针形。

花：单花或数朵生于枝顶毛；花瓣黄色。

果：瘦果近卵形，褐棕色，外被长柔毛。

花期：花果期 6—9 月。

实用价值：嫩叶可代茶叶饮用，花、叶入药。

生境：生于海拔 1000 ～ 4000 米山坡草地、砾石坡、灌丛及林缘。

中文名	描述

西南委陵菜
Potentilla fulgens

蔷薇科 Rosaceae
委陵菜属 *Potentilla*

植株：多年生草本。

枝叶：花茎密被开展长柔毛及短柔毛。

花：伞房状聚伞花序顶生；花瓣黄色。

果：瘦果光滑。

花期：花果期 6—10 月。

实用价值：根入药，凉血止血，收敛止泻。

生境：生于海拔 1100 ～ 3600 米山坡草地、灌丛、林缘及林中。

中文名	描述

079

蛇含委陵菜
Potentilla kleiniana

蔷薇科 Rosaceae
委陵菜属 *Potentilla*

植株：一年生、二年生或多年生宿根草本。

枝叶：基生叶为近于鸟足状。

花：聚伞花序，花瓣黄色。

果：瘦果近圆形，具皱纹。

花期：花果期 4—9 月。

实用价值：全草供药用。

生境：生于海拔 400 ～ 3000 米田边、水旁、草甸及山坡草地。

中文名	描述

080

扁核木
Prinsepia utilis

蔷薇科 Rosaceae
扁核木属 *Prinsepia*

植株：灌木。

枝叶：枝刺上生叶，近无毛；叶片长圆形或卵状披针形。

花：花多数成总状花序；花瓣白色。

果：核果紫褐色或黑紫色。

花期：花期 4—5 月，果熟期 8—9 月。

实用价值：蜜源植物和油料植物。

生境：生于海拔 1000 ～ 2560 米山坡、荒地、山谷或路旁等处。

中文名	描述

081

窄叶火棘
Pyracantha angustifolia

蔷薇科 Rosaceae
火棘属 *Pyracantha*

植株：常绿灌木或小乔木。

枝叶：叶片窄长圆形至倒披针状长圆形，幼嫩叶片下面、花梗和萼筒等部分均密被灰白色绒毛。

花：复伞房花序；花瓣近圆形，白色。

果：果实扁球形，砖红色。

花期：花期 5—6 月，果期 10—12 月。

实用价值：观赏植物和蜜源植物。

生境：生于海拔 1600 ～ 3000 米阳坡灌丛中或路边。

中文名	描述

火棘
Pyracantha fortuneana

蔷薇科 Rosaceae
火棘属 *Pyracantha*

植株：常绿灌木。

枝叶：叶片倒卵形或倒卵状长圆形。

花：花集成复伞房花序；花瓣白色。

果：果实近球形，橘红色或深红色。

花期：花期 3—5 月，果期 8—11 月。

实用价值：栽培作绿篱，果实磨粉可作代食品。

生境：生于海拔 500 ～ 2800 米山地、丘陵地阳坡灌丛草地及河沟路旁。

中文名	描述

川梨
Pyrus pashia

蔷薇科 Rosaceae
梨属 *Pyrus*

植株：乔木。

枝叶：叶片卵形至长卵形伞形。

花：总状花序；花瓣倒卵形，白色。

果：果实近球形，褐色。

花期：花期 3—4 月，果期 8—9 月。

实用价值：药用植物和蜜源植物。

生境：生于海拔 650 ～ 3000 米山谷斜坡、丛林中。

中文名	描述

木香花
Rosa banksiae

蔷薇科 Rosaceae
蔷薇属 *Rosa*

植株：攀援小灌木。

枝叶：小叶片椭圆状卵形或长圆披针形。

花：花小，白色。

果：瘦果木质。

花期：花期 4—5 月。

实用价值：花含芳香油，可供配制香精化妆品用。

生境：生于海拔 500 ～ 1300 米溪边、路旁或山坡灌丛中。

中文名	描述

丽江蔷薇
Rosa lichiangensis

蔷薇科 Rosaceae
蔷薇属 *Rosa*

植株：攀援小灌木。

枝叶：小叶片椭圆形或倒卵形。

花：花 2 ～ 4 朵排成伞形伞房状；花瓣粉红色。

果：瘦果木质。

花期：花期 5—6 月，果期 7—9 月。

实用价值：蜜源植物。

生境：多生灌木丛中。

中文名	描述

峨眉蔷薇
Rosa omeiensis

蔷薇科 Rosaceae
蔷薇属 *Rosa*

植株：直立灌木。

枝叶：小叶长圆形或椭圆状长圆形。

花：花单生于叶腋；花瓣白色，倒三角状卵形。

果：果倒卵球形或梨形，亮红色。

花期：花期 5—6 月，果期 7—9 月。

实用价值：果实味甜可食也可酿酒，晒干磨粉掺入面粉可作食品，又可入药。

生境：多生于海拔 750 ～ 4000 米山坡、山脚下或灌丛中。

中文名	描述

绢毛蔷薇
Rosa sericea

蔷薇科 Rosaceae
蔷薇属 *Rosa*

植株：直立灌木。

枝叶：小叶卵形或倒卵形，稀倒卵长圆形。

花：花单生于叶腋，花瓣白色。

果：果红色或紫褐色。

花期：花期 5—6 月，果期 7—8 月。

实用价值：蜜源植物。

生境：多生于海拔 2000 ～ 3800 米山顶、山谷斜坡或向阳燥地。

中文名	描述

川滇蔷薇
Rosa soulieana

蔷薇科 Rosaceae
蔷薇属 *Rosa*

植株：灌木。

枝叶：小枝常带苍白绿色，小叶椭圆形或倒卵形。

花：花成多花伞房花序；花瓣黄白色。

果：果实橘红色，老时变为黑紫色。

花期：花期 5 ～ 7，果期 8—9 月。

实用价值：蜜源植物。

生境：生于海拔 2500 ～ 3000 米山坡、沟边或灌丛中。

中文名	描述

粉枝莓
Rubus biflorus

蔷薇科 Rosaceae
悬钩子属 *Rubus*

植株：攀援灌木。

枝叶：枝紫褐色至棕褐色，无毛，具白粉霜。

花：花瓣近圆形，白色。

果：果实球形，黄色。

花期：花期 5—6 月，果期 7—8 月。

实用价值：蜜源植物，果可食用。

生境：生于海拔 1500 ～ 3500 米山谷河边或山地杂木林内。

中文名	描述

红泡刺藤
Rubus niveus

蔷薇科 Rosaceae
悬钩子属 *Rubus*

植株：灌木。

枝叶：小叶椭圆形、卵状椭圆形或菱状椭圆形。

花：花成伞房花序或短圆锥状花序；花瓣红色。

果：果实半球形，深红色转为黑色，密被灰白色绒毛；核有浅皱纹。

花期：花期 5—7 月，果期 7—9 月。

实用价值：果供食用及酿酒。

生境：生于海拔 500 ～ 2800 米山坡灌丛、疏林或山谷河滩、溪流旁。

中文名	描述

矮地榆
Sanguisorba filiformis

蔷薇科 Rosaceae
地榆属 *Sanguisorba*

植株：多年生草本。

枝叶：根表面棕褐色。

花：花单性，雌雄同株，花序头状，萼片白色。

果：果有 4 棱，成熟时萼片脱落。

花期：花果期 6—9 月。

实用价值：根入药。

生境：生于海拔 1200 ～ 4000 米山坡草地及沼泽。

中文名	描述

冠萼花楸
Sorbus coronata

蔷薇科 Rosaceae
花楸属 *Sorbus*

植株：乔木。

枝叶：叶片长圆椭圆形、长圆卵形至卵状披针形。

花：复伞房花序具花 20 ～ 30 朵；花瓣倒卵形或近圆形，白色，内面稍具绒毛。

果：果实近球形，红色，具斑点。

花期：花期 4—5 月，果期 8—9 月。

实用价值：观赏植物和蜜源植物。

生境：生于海拔 1800 ～ 3200 米峡谷杂木林中。

中文名	描述

西康花楸
Sorbus prattii

蔷薇科 Rosaceae
花楸属 *Sorbus*

植株：灌木。

枝叶：奇数羽状复叶。

花：复伞房花序；花瓣宽卵形，白色。

果：果实球形，白色。

花期：花期 5—6 月，果期 9 月。

实用价值：观赏植物和蜜源植物。

生境：生于海拔 2100 ～ 3700 米高山杂木丛林内。

中文名	描述
西南花楸 *Sorbus rehderiana* 蔷薇科 Rosaceae 花楸属 *Sorbus*	植株：灌木或小乔木。 枝叶：奇数羽状复叶；基部的小叶边缘自近基部 1/3 以上有细锐锯齿，齿尖内弯。 花：复伞房花序，花瓣白色。 果：果实卵形，粉红色至深红色。 花期：花期 6 月，果期 9 月。 实用价值：观果植物和蜜源植物。 生境：生于海拔 2600 ～ 4300 米山地丛林中。

中文名	描述
马蹄黄 *Spenceria ramalana* 蔷薇科 Rosaceae 马蹄黄属 *Spenceria*	植株：多年生草本。 枝叶：基生小叶宽椭圆形或倒卵状矩圆形。 花：总状花序顶生，花瓣黄色。 果：瘦果近球形。 花期：花期 7—8 月，果期 9—10 月。 实用价值：根入药，解毒消炎，收敛止血，止泻，止痢；蜜源植物。 生境：生于海拔 3000 ～ 5000 米高山草原，石灰岩山坡。

中文名	描述
川滇绣线菊 *Spiraea schneideriana* 蔷薇科 Rosaceae 绣线菊属 *Spiraea*	植株：灌木。 枝叶：叶片卵形至卵状长圆形。 花：复伞房花序；花瓣白色。 果：蓇葖果。 花期：花期 5—6 月，果期 7—9 月。 实用价值：观赏植物和蜜源植物。 生境：生于海拔 2500 ～ 4000 米杂木林内或高山冷杉林边缘。

094

095

095

096

096

096

中文名	描述

红果树
Stranvaesia davidiana

蔷薇科 Rosaceae
红果树属 *Stranvaesia*

植株：灌木或小乔木。

枝叶：叶片长圆形、长圆披针形或倒披针形。

花：复伞房花序，花瓣白色。

果：果实近球形，橘红色。

花期：花期 5—6 月，果期 9—10 月。

实用价值：观赏和蜜源植物。

生境：生于海拔 1000 ～ 3000 米山坡、山顶、路旁及灌木丛中。

中文名	描述

牛奶子
Elaeagnus umbellata

胡颓子科 Elaeagnaceae
胡颓子属 *Elaeagnus*

植株：常绿或落叶灌木或小乔木。

枝叶：叶纸质或膜质，椭圆形至卵状椭圆形或倒卵状披针形。

花：花较叶先开放，黄白色，芳香，密被银白色盾形鳞片。

果：果实球形或卵圆形，幼时绿色，被银白色或有时全被褐色鳞片，成熟时红色。

花期：花期 4—5 月，果期 7—8 月。

实用价值：果实可生食，制果酒、果酱等，叶作土农药可杀棉蚜虫；果实、根和叶亦可入药。亦是观赏植物。

生境：生长于海拔 20 ～ 3000 米的向阳的林缘、灌丛中，荒坡上和沟边。

中文名	描述

云南勾儿茶
Berchemia yunnanensis

鼠李科 Rhamnaceae
勾儿茶属 *Berchemia*

植株：藤状灌木。

枝叶：叶卵状椭圆形。

花：花黄色。

果：核果圆柱形。

花期：花期 6—8 月，果期翌年 4—5 月。

实用价值：蜜源植物。

生境：常生于海拔 1500 ～ 3900 米山坡、溪流边灌丛或林中。

中文名	描述

100

锐齿槲栎
Quercus aliena var. *acuteserrata*

壳斗科 Fagaceae
栎属 *Quercus*

植株：乔木。

枝叶：叶缘具粗大锯齿，齿端尖锐，叶背密被灰色细绒毛。

果：坚果椭圆形至卵形。

花期：花期 3—4 月，果期 10—11 月。

实用价值：叶含蛋白质；种子含淀粉。

生境：生于海拔 100 ～ 2700 米的山地杂木林中，或形成小片纯林。

101

胡桃
Juglans regia

胡桃科 Juglandaceae
胡桃属 *Juglans*

植株：乔木。

枝叶：奇数羽状复叶，小叶椭圆状卵形至长椭圆形。

花：雄性菜荑花序下垂。

果：果实近于球状。

花期：花期 5 月，果期 10 月。

实用价值：种仁含油量高。

生境：生于海拔 400 ～ 1800 米之山坡及丘陵地带。

102

马桑
Coriaria nepalensis

马桑科 Coriariaceae
马桑属 *Coriaria*

植株：灌木。

枝叶：叶椭圆形或阔椭圆形。

花：总状花序生于二年生的枝条上，雄花序先叶开放；雌花序与叶同出。

果：果球形。

花期：花期 3—4 月，果期 5—6 月。

实用价值：果可提酒精，种子榨油可作油漆和油墨；全株含马桑碱，有毒，可作土农药。

生境：生于海拔 400 ～ 3200 米的灌丛中。

中文名	描述

灰叶南蛇藤
Celastrus glaucophyllus

卫矛科 Celastraceae
南蛇藤属 *Celastrus*

植株：藤本。

枝叶：叶长方椭圆形。

花：花序顶生及腋生。

果：果实近球状。

花期：花期 3—6 月，果期 9—10 月。

实用价值：蜜源植物。

生境：生长于海拔 700 ～ 3700 米处的混交林中。

中文名	描述

冷地卫矛
Euonymus frigidus

卫矛科 Celastraceae
卫矛属 *Euonymus*

植株：灌木。

枝叶：叶卵形，长卵形或阔椭圆形。

花：聚伞花序，花深紫。

果：蒴果近球状。

花期：花期 5—6 月，果期 9—9 月。

实用价值：观赏和蜜源植物。

生境：生长于山地丛林及山溪旁侧的丛林中。

中文名	描述

紫花卫矛
Euonymus porphyreus

卫矛科 Celastraceae
卫矛属 *Euonymus*

植株：落叶灌木。

枝叶：叶厚纸质，椭圆形或长方窄倒卵形。

花：花紫绿色。

果：蒴果。

花期：花期 5—6 月开花。

实用价值：枝和根入药，散瘀止痛，清热解毒。

生境：生长于海拔 1100 ～ 3000 米的山间林中。

中文名	描述

染用卫矛
Euonymus tingens

卫矛科 Celastraceae
卫矛属 *Euonymus*

植株： 乔木。

枝叶： 小枝紫黑色，叶厚革质，长方窄椭圆形。

花： 聚伞花序；花瓣白绿色带紫色脉纹。

果： 蒴果倒锥状或近球状。

花期： 花期 5—6 月，果期 9—10 月。

实用价值： 观赏和蜜源植物。

生境： 生长于海拔 2600 ～ 3600 米山间林中及沟边。

中文名	描述

大花卫矛
Euonymus grandiflorus

卫矛科 Celastraceae
卫矛属 *Euonymus*

植株： 灌木或乔木，半常绿。

枝叶： 叶近革质，窄长椭圆形或窄倒卵形。

花： 花黄白色，4 数，较大，花萼大部合生；花瓣近圆形，中央有嚼蚀状皱纹。

果： 蒴果近球状，常具窄翅棱。

花期： 花期 6—7 月，果期 9—10 月。

实用价值： 观赏和蜜源植物。

生境： 山地丛林、溪边、河谷等处。

中文名	描述

鸡肫梅花草
Parnassia wightiana

卫矛科 Celastraceae
梅花草属 *Parnassia*

植株： 多年生草本。

枝叶： 叶片宽心形。

花： 花单生于茎顶；花瓣白色。

果： 蒴果倒卵球形。

花期： 花期 7—8 月，果期 9 月开始。

实用价值： 作油脂作物栽培。

生境： 生于海拔 600 ～ 2000 米山谷疏林下、山坡杂草中、沟边和路边等处。

109	中文名	描述

酢浆草
Oxalis corniculata

酢浆草科 Oxalidaceae
酢浆草属 *Oxalis*

植株：草本。

枝叶：全株被柔毛。

花：花单生或数朵集为伞形花序状；花瓣黄色。

果：蒴果长圆柱形。

花期：花期花、果期 2—9 月。

实用价值：全草入药；茎叶含草酸，可用以磨镜或擦铜器，使其具光泽。

生境：生于山坡草池、河谷沿岸、路边、田边、荒地或林下阴湿处等。

110	中文名	描述

美丽金丝桃
Hypericum bellum

藤黄科 Guttiferae
金丝桃属 *Hypericum*

植株：灌木。

枝叶：茎红至橙色；叶片卵状长圆形或宽菱形至近圆形。

花：花瓣金黄色至奶油黄色或稀为暗黄色，无红晕，内弯。

果：蒴果。

花期：花期 6—7 月，果期 8—9 月。

实用价值：蜜源植物和观赏植物。

生境：生于山坡草地、林缘、疏林下及灌丛中，海拔 1900 ～ 3500 米。

111	中文名	描述

川滇金丝桃
Hypericum forrestii

藤黄科 Guttiferae
金丝桃属 *Hypericum*

植株：灌木。

枝叶：叶片披针形或三角状卵形。

花：花瓣金黄色。

果：蒴果，呈宽卵珠形。

花期：花期果期 8—10 月。

实用价值：蜜源植物和观赏植物。

生境：生于海拔 1500 ～ 4000 米山坡多石地，有时亦在溪边或松林林缘。

中文名	描述

112

金丝桃
Hypericum monogynum

藤黄科 Guttiferae
金丝桃属 *Hypericum*

植株：灌木。

枝叶：叶片倒披针形或椭圆形至长圆形。

花：花瓣金黄色至柠檬黄色，无红晕，开张，三角状倒卵形。

果：蒴果宽卵珠形。

花期：花期 5—8 月，果期 8—9 月。

实用价值：药用和蜜源植物。

生境：山坡、路旁或灌丛中。

中文名	描述

113

紫花地丁
Viola philippica

堇菜科 Violaceae
堇菜属 *Viola*

植株：多年生草本。

枝叶：叶片下部呈三角状卵形或狭卵形，上部呈长圆形、狭卵状披针形或长圆状卵形。

花：花紫堇色或淡紫色，稀呈白色。

果：蒴果长圆形。

花期：花果期 4 月中下旬至 9 月。

实用价值：蓖麻油在工业上用途广，在医药上做缓泻剂；种子含蓖麻毒蛋白 (ricin) 及蓖麻碱。

生境：生于田间、荒地、山坡草丛、林缘或灌丛中。

中文名	描述

114

黄苞大戟
Euphorbia sikkimensis

大戟科 Euphorbiaceae
大戟属 *Euphorbia*

植株：多年生草本。

枝叶：叶互生，长椭圆形。

花：花序单生分枝顶端，基部具短柄。

果：蒴果球状。

花期：花期 4—7 月，果期 6—9 月。

实用价值：根入药。

生境：生于海拔 600 ～ 4500 米的山坡、疏林下或灌丛。

蓖麻
Ricinus communis

大戟科 Euphorbiaceae
蓖麻属 *Ricinus*

植株： 一年生粗壮草本或草质灌木。

枝叶： 叶轮廓近圆形。

花： 总状花序或圆锥花序。

果： 蒴果卵球形或近球形。

花期： 花期几全年或 6—9 月（栽培）。

实用价值： 种子可祛湿、通络、消肿拔毒；蜜源植物。

生境： 海拔 2300 米村旁疏林或河流两岸冲积地。

乌桕
Sapium sebiferum

大戟科 Euphorbiaceae
美洲桕属 *Sapium*

植株： 乔木。

枝叶： 叶互生，纸质，叶片阔卵形。

花： 花单性，雌雄同株，聚集成顶生。

果： 蒴果近球形，成熟时黑色。

花期： 花期 5—7 月。

实用价值： 根皮，叶也可药用；蜜源植物。

生境： 生于山坡或山顶疏林中。

尼泊尔老鹳草
Geranium nepalense

牻牛儿苗科 Geraniaceae
老鹳草属 *Geranium*

植株： 多年生草本。

枝叶： 叶对生或偶为互生；叶片五角状肾形，茎部心形。

花： 总花梗腋生；花瓣紫红色或淡紫红色。

果： 蒴果。

花期： 花期 4—9 月，果期 5—10 月。

实用价值： 全草入药。

生境： 生于山地阔叶林林缘、灌丛、荒山草坡，亦为山地杂草。

115

116

117

中文名	描述

紫地榆
Geranium strictipes

牻牛儿苗科 Geraniaceae
老鹳草属 *Geranium*

植株： 多年生草本。

枝叶： 叶片五角状圆肾形。

花： 总花梗腋生和顶生；花瓣紫红色。

果： 蒴果。

花期： 花期 7—8 月，果期 8—9 月。

实用价值： 根入药，能清积食。

生境： 生于海拔 2700 ～ 3000 米左右的山坡草地、林下和灌丛。

中文名	描述

柳兰
Epilobium angustifolium

柳叶菜科 Onagraceae
柳叶菜属 *Epilobium*

植株： 多年粗壮草本。

枝叶： 叶螺旋状互生，披针状长圆形至倒卵形。

花： 花序总状，花柱开放时强烈反折，后恢复直立。

果： 蒴果。

花期： 花期 6—9 月，果期 8—10 月。

实用价值： 重要蜜源植物，茎叶可作猪饲料。

生境： 海拔 2900 ～ 4700 米山区半开旷或开旷较湿润草坡灌丛、火烧迹地、高山草甸、河滩、砾石坡。

中文名	描述

桉
Eucalyptus robusta

桃金娘科 Myrtaceae
桉属 *Eucalyptus*

植株： 乔木。

枝叶： 嫩枝有棱，成熟叶卵状披针形。

花： 伞形花序粗大。

果： 蒴果卵状壶形。

花期： 花期 4—9 月。

实用价值： 叶供药用，有驱风镇痛功效。

生境： 云南低海拔分布较多。

中文名	描述

121

短穗旌节花
Stachyurus chinensis var. *brachystachyus*

旌节花科 Stachyuraceae
旌节花属 *Stachyurus*

植株：落叶灌木或小乔木。

枝叶：叶披针形至长圆状披针形。

花：穗状花序腋生；花黄色。

果：果实近球形。

花期：花期 3—4 月，果期 5—8 月。

实用价值：蜜源植物。

生境：生于海拔 400 ～ 3000 米的山坡阔叶林下或灌丛中。

中文名	描述

122

清香木
Pistacia weinmannifolia

漆树科 Anacardiaceae
黄连木属 *Pistacia*

植株：灌木或小乔木。

枝叶：小叶长圆形或倒卵状长圆形。

花：花序腋生，花小，紫红色。

果：核果球形。

花期：花期 3 月，果期 9—10 月。

实用价值： 叶可提芳香油；叶及枝供药用。

生境：生于海拔 1000 ～ 2700 米的山坡、狭谷的疏林或灌丛中，石灰岩地区及干热河谷尤多。

中文名	描述

123

盐肤木
Rhus chinensis

漆树科 Anacardiaceae
盐麸木属 *Rhus*

植株：落叶小乔木或灌木。

枝叶：奇数羽状复叶；小叶多形，卵形或椭圆状卵形或长圆形。

花：圆锥花序；花瓣开花时外卷。

果：核果球形。

花期：花期 8—9 月，果期 10 月。

实用价值：种子可榨油。

生境：生于海拔 170 ～ 2700 米的向阳山坡、沟谷、溪边的疏林或灌丛中。

中文名	描述

漆
Toxicodendron vernicifluum

漆树科 Anacardiaceae
漆树属 *Toxicodendron*

植株：落叶乔木。

枝叶：树皮灰白色，奇数羽状复叶互生，常螺旋状排列，小叶卵形或卵状椭圆形或长圆形。

花：圆锥花序，花黄绿色。

果：果序多少下垂，核果肾形或椭圆形。

花期：花期 5—6 月，果期 7—10 月。

实用价值：树干韧皮部割取生漆，种子油可制油墨，肥皂；果皮可取蜡；叶可提栲胶。叶、根可作土农药。

生境：生于海拔 300 ～ 2800 米向阳山坡林中。

中文名	描述

四蕊槭
Acer stachyophyllum subsp. *betulifolium*

无患子科 Sapindaceae
槭属 *Acer*

植株：落叶乔木。

枝叶：叶常微分裂，下面有白色疏柔毛。

花：总状花序，花黄绿色。

果：翅果，倒卵形，张开成钝角。

花期：花期不明，果期 9 月。

实用价值：蜜源植物和观赏植物。

生境：生于海拔 1500 ～ 2300 米的山谷疏林中。

中文名	描述

臭节草
Boenninghausenia albiflora

芸香科 Rutaceae
石椒草属 *Boenninghausenia*

植株：常绿草本。

枝叶：叶薄纸质，小裂片倒卵形、菱形或椭圆形。

花：花序有花甚多；花瓣白色，有时顶部桃红色。

果：蓇葖果开裂为 3 分果瓣。

花期：花果期 7—11 月。

实用价值：全草有小毒，治腹胀痛、寒冷胃气疼痛。

生境：生于山地沟边和阴湿林缘或灌丛中。

中文名	描述

石椒草
*Boenninghausenia
sessilicarpa*

芸香科 Rutaceae
石椒草属 *Boenninghausenia*

植株： 常绿草本。

枝叶： 叶薄纸质，小裂片倒卵形、菱形或椭圆形。

花： 花序有花甚多；花瓣白色，有时顶部桃红色。

果： 蓇葖果开裂为 4 分果瓣。

花期： 花果期 7—11 月。

实用价值： 全草有小毒，治腹胀痛、寒冷胃气疼痛。

生境： 生于石灰岩山坡草地或灌丛中。

中文名	描述

柑橘
Citrus reticulata

芸香科 Rutaceae
柑橘属 *Citrus*

植株： 小乔木。

枝叶： 单身复叶，叶片披针形。

花： 花单生或 2 ~ 3 朵簇生。

果： 果形种种，果肉酸或甜，或有苦味，或另有特异气味。

花期： 花期 4—5 月，果期 10—12 月。

实用价值： 可做药。

生境： 广泛栽培。

中文名	描述

花椒
Zanthoxylum bungeanum

芸香科 Rutaceae
花椒属 *Zanthoxylum*

植株： 落叶小乔木。

枝叶： 枝有短刺，小叶卵形，椭圆形，叶缘有细裂齿，齿缝有油点。

花： 花序顶生或生于侧枝之顶；花被黄绿色。

果： 果紫红色。

花期： 花期 4—5 月，果期 8—9 月或 10 月。

实用价值： 果皮做药，温中散寒、除湿止痛。

生境： 山坡、路旁或灌丛中，也有栽培。

130	中文名	描述

臭椿
Ailanthus altissima

苦木科 Simaroubaceae
臭椿属 *Ailanthus*

植株：落叶乔木。

枝叶：叶为奇数羽状复叶，柔碎后具臭味。

花：圆锥花序；花淡绿色。

果：翅果长椭圆形。

花期：花期 4—5 月，果期 8—10 月。

实用价值：根皮入药；除热、燥湿、止痛。

生境：低山坡地、路旁及林内。

131	中文名	描述

川楝
Melia toosendan

楝科 Meliaceae
楝属 *Melia*

植株：落叶乔木。

枝叶：叶为 2～3 回奇数羽状复叶。

花：圆锥花序约与叶等长；花芳香；花瓣淡紫色。

果：核果球形至椭圆形。

花期：花期 4—5 月，果期 10—12 月。

实用价值：用鲜叶可灭钉螺和作农药；果核仁油可供制油漆、润滑油和肥皂。

生境：生于低海拔旷野、路旁或疏林中。

132	中文名	描述

木棉
Bombax ceiba

锦葵科 Malvaceae
木棉属 *Bombax*

植株：落叶大乔木。

枝叶：树皮灰白色，掌状复叶。

花：花单生枝顶叶腋，通常红色，有时橙红色。

果：蒴果长圆形。

花期：花期 3—4 月，果夏季成熟。

实用价值：花即可做药也可以食用蔬食，种子油可作润滑油、制肥皂。

生境：生于海拔 1700 米以下的干热河谷及稀树草原，也可生长在沟谷季雨林内。

中文名	描述

133

华椴
Tilia chinensis

椴树科 Subfam
椴属 *Tilia*

植株：乔木。
枝叶：叶阔卵形。
花：聚伞花序。
果：果实椭圆形。
花期：花期夏初。
实用价值：园林园艺栽培。
生境：生于海拔 3850 米的混交林里。

134

滇结香
Edgeworthia gardneri

瑞香科 Thymelaeaceae
结香属 *Edgeworthia*

植株：小乔木。
枝叶：叶互生，窄椭圆形至椭圆状披针形。
花：头状花序球形。
果：果卵形；种子含脂肪。
花期：花期冬末春初，果期夏季。
实用价值：树皮纤维为人造棉及造纸原料。
生境：海拔 1000 ～ 2500 米的江边、林缘及疏林湿润处或常绿阔叶林中。

135

狼毒
Stellera chamaejasme

瑞香科 Thymelaeaceae
狼毒属 *Stellera*

植株：多年生草本。
枝叶：叶披针形或长圆状披针形。
花：花白色、黄色至带紫色，芳香，多花的头状花序。
果：果实圆锥形，种皮膜质，淡紫色。
花期：花期 4—6 月，果期 7—9 月。
实用价值：狼毒的毒性较大，可以杀虫；根入药，有祛痰、消积、止痛之功能，外敷可治疥癣，根还可提取工业用酒精，根及茎皮可造纸。
生境：生于海拔 2600 ～ 4200 米的干燥而向阳的高山草坡、草坪或河滩台地。

133

133

134

134

134

135

135

135

中文名	描述

纤细碎米荠
Cardamine gracilis

十字花科 Brassicaceae
碎米荠属 *Cardamine*

植株：多年生草本。

枝叶：羽状复叶，无叶柄。

花：总状花序顶生；花瓣紫色或玫瑰红色。

果：果实未见。

花期：花期 5—7 月。

实用价值：蜜源植物。

生境：生于沼泽地，海拔 2900 米。

中文名	描述

萝卜
Raphanus sativus

十字花科 Brassicaceae
萝卜属 *Raphanus*

植株：二年或一年生草本。

枝叶：直根肉质肥大，茎有分枝，无毛，稍具粉霜；基生叶和下部茎生叶大头羽状半裂，顶裂片卵形。

花：总状花序顶生及腋生；花白色或粉红色。

果：长角果圆柱形，种子红棕色，有细网纹。

花期：花期 4—5 月，果期 5—6 月。

实用价值：蜜源和油料作物。

生境：各地普遍栽培。

中文名	描述

松柏钝果寄生
Taxillus caloreas

桑寄生科 Loranthaceae
钝果寄生属 *Taxillus*

植株：灌木。

枝叶：叶近匙形或线形。

花：伞形花序，花鲜红色。

果：果近球形，紫红色。

花期：花期 7—8 月，果期翌年 4—5 月。

实用价值：枝，叶作药用，民间用于治风湿性关节炎、胃痛等。

生境：海拔 900 ～ 3100 米山地针叶林或针叶阔叶混交林中，寄生于松属、油杉属、铁杉属、云杉属或雪松属植物上。

093

	中文名	描述

139

滇藏钝果寄生
Taxillus thibetensis

桑寄生科 Loranthaceae
钝果寄生属 *Taxillus*

植株：灌木。

枝叶：叶卵形或长卵形。

花：伞形花序，花红色。

果：浆果卵球形或椭圆状。

花期：花期 5—9 月，果期 8—10 月。

实用价值：枝，叶作药用，民间用于治风湿性关节炎、胃痛等。

生境：海拔 1700 ～ 3000 米山地阔叶林中，常寄生于梨树、柿树板栗、李树或栎属等植物上。

140

金荞麦
Fagopyrum dibotrys

蓼科 Polygonaceae
荞麦属 *Fagopyrum*

植株：多年生草本。

枝叶：根状茎黑褐色，叶三角形。

花：花序伞房状，花被白色。

果：瘦果宽卵形，具 3 锐棱。

花期：花期 7—9 月，果期 8—10 月。

实用价值：块根供药用，清热解毒、排脓去瘀。

生境：生山谷湿地、山坡灌丛，海拔 250 ～ 3200 米。

141

荞麦
Fagopyrum esculentum

蓼科 Polygonaceae
荞麦属 *Fagopyrum*

植株：一年生草本。

枝叶：茎绿色或红色，具纵棱；叶三角形或卵状三角形。

花：花序总状或伞房状，花被白色或淡红色。

果：瘦果卵形，暗褐色。

花期：花期 5—9 月，果期 6—10 月。

实用价值：种子含丰富淀粉，供食用；为蜜源植物；全草入药，治高血压、视网膜出血、肺出血。

生境：生荒地、路边。

中文名	描述

草血竭
Polygonum paleaceum

蓼科 Polygonaceae
萹蓄属 *Polygonum*

植株： 多年生草本。

枝叶： 基生叶狭长圆形或披针形。

花： 总状花序呈穗状；花被淡红色或白色。

果： 瘦果卵形。

花期： 花期 7—8 月，果期 9—10 月。

实用价值： 根状茎供药用，止血止痛，收敛止泻。

生境： 生山坡草地、林缘，海拔 1500～3500 米。

中文名	描述

商陆
Phytolacca acinosa

商陆科 Phytolaccaceae
商陆属 *Phytolacca*

植株： 多年生直立草本。

枝叶： 茎有纵沟，绿色或紫红色；叶椭圆形、长椭圆形或披针状椭圆形。

花： 总状花序顶生或与叶对生，花被白色、黄绿色或淡红色。

果： 浆果扁球形，熟时黑色；种子肾形，黑褐色。

花期： 花期花、果期 6—10 月。

实用价值： 叶可煮食，根有毒，入药（孕妇忌用），有利水消肿之效。

生境： 生于 1500～3400 米的山谷缓坡或山箐润湿处，石灰岩山坡、田边、路边有时也见，或栽培于房前屋后及园地，多生长于湿润肥沃地，喜生垃圾堆上。

中文名	描述

丽江山梅花
Philadelphus calvescens

绣球科 Hydrangeaceae
山梅花属 *Philadelphus*

植株： 灌木。

枝叶： 叶卵形或阔卵形。

花： 总状花序有花 5～9 朵；花瓣白色。

果： 蒴果倒卵形；种子具短尾。

花期： 花期 6—7 月，果期 8—10 月。

实用价值： 蜜源和观赏植物。

生境： 生于海拔 2400～3500 米灌丛中。

中文名	描述

云南山梅花
Philadelphus delavayi

绣球科 Hydrangeaceae
山梅花属 *Philadelphus*

植株：灌木。

枝叶：叶长圆状披针形或卵状披针形。

花：总状花序有花 5～9（～21）朵；花瓣白色。

果：蒴果倒卵形；种子具稍长尾。

花期：花期 6—8 月，果期 9—11 月。

实用价值：蜜源和观赏植物。

生境：生于海拔 700～3800 米林中或林缘。

中文名	描述

头状四照花
Cornus capitata

山茱萸科 Cornaceae
山茱萸属 *Cornus*

植株：常绿乔木，稀灌木。

枝叶：叶对生，长圆椭圆形或长圆披针形。

花：头状花序球形；总苞片白色。

果：果序扁球形，成熟时紫红色。

花期：花期 5—6 月；果期 9—10 月。

实用价值：树皮可供药用；枝、叶可提取单宁；果供食用。

生境：生于海拔 1300～3150 米的混交林中。

中文名	描述

铁仔
Myrsine africana

报春花科 Primulaceae
铁仔属 *Myrsine*

植株：灌木。

枝叶：叶片通常为椭圆状倒卵形。

花：花簇生或近伞形花序。

果：果球形，红色变紫黑色，光亮。

花期：花期 2—3 月，有时 5—6 月，果期 10—11 月，有时 2 或 6 月。

实用价值：清热利湿，收敛止血；根或全株用药，叶外用治烧烫伤；种子还可榨油。

生境：生于海拔 1000～3600 米的石山坡、荒坡疏林中或林缘，向阳干燥的地方。

中文名	描述

148

霞红灯台报春
Primula beesiana

报春花科 Primulaceae
报春花属 *Primula*

植株： 多年生草本。

枝叶： 叶片狭长圆状倒披针形至椭圆状倒披针形。

花： 花冠橙黄色，冠檐玫瑰红色，稀为白色，冠筒口周围黄色。

果： 蒴果稍短于花萼。

花期： 花期 6—7 月。

实用价值： 观赏和园艺栽培。

生境： 生于海拔 2400 ～ 2800 米山坡草地湿润处和水边。

149

高穗花报春
Primula vialii

报春花科 Primulaceae
报春花属 *Primula*

植株： 多年生草本。

枝叶： 叶狭椭圆形至矩圆形或倒披针形。

花： 穗状花序多花，花未开时呈尖塔状，花冠蓝紫色。

果： 蒴果球形，稍短于宿存花萼。

花期： 花期 7 月。

实用价值： 观赏和蜜源植物。

生境： 生于海拔 2800 ～ 4000 米湿草地和沟谷水边。

150

石榴
Punica granatum

石榴科 Punicaceae
石榴属 *Punica*

植株： 落叶灌木或乔木。

枝叶： 枝顶常成尖锐长刺，幼枝具棱角，无毛，老枝近圆柱形；叶通常对生，纸质，矩圆状披针形。

花： 花瓣通常大，红色、黄色或白色。

果： 浆果。

花期： 花期 4—5 月。

实用价值： 蜜源植物和观赏植物。

生境： 各地均有栽培。

151	中文名	描述

滇山茶
Camellia reticulata

山茶科 Theaceae
山茶属 *Camellia*

植株：灌木至小乔木，嫩枝无毛。

枝叶：叶阔椭圆形，上面干后深绿色，发亮，下面深褐色，无毛。

花：花顶生，红色，苞片背面多黄白色绢毛；花瓣红色。

果：蒴果扁球形，种子卵球形。

花期：11—1 月，果期 3—4 月。

实用价值：油料植物、蜜源植物和观赏植物。

生境：生于海拔 1000 ~ 2800 米的林缘。

152	中文名	描述

显脉猕猴桃
Actinidia venosa

猕猴桃科 Actinidiaceae
猕猴桃属 *Actinidia*

植株：大型落叶藤本。

枝叶：叶长卵形或长圆形。

花：聚伞花序；花淡黄色。

果：果绿色，卵珠形或球形。

花期：花期 6—7 月，果期 8—9 月。

实用价值：解热，止渴，利尿通淋。

生境：生于海拔 1200 ~ 2400 米林下。

153	中文名	描述

灯笼树
Enkianthus chinensis

杜鹃花科 Ericaceae
吊钟花属 *Enkianthus*

植株：落叶灌木或小乔木。

枝叶：叶长圆形至长圆状椭圆形。

花：花多数组成伞形花序状总状花序；花冠肉红色。

果：蒴果卵圆形。

花期：花期 5 月，果期 6—10 月。

实用价值：观赏和蜜源植物。

生境：生于海拔 900 ~ 3600 米的山坡疏林中。

中文名	描述

154

芳香白珠
Gaultheria fragrantissima

杜鹃花科 Ericaceae
白珠树属 *Gaultheria*

植株：常绿灌木至小乔木。

枝叶：枝、叶芳香，枝条左右弯曲，红色，具3条棱，有时几呈翅状，无毛；叶革质，披针状椭圆形、卵状长圆形或披针形。

花：总状花序腋生或顶生，花密集，下垂，芳香；花冠卵状坛形，白色。

果：浆果状蒴果球形。

花期：花期5月开始，果期8—11月。

实用价值：蜜源植物。

生境：杂木林中。

中文名	描述

155

美丽马醉木
Pieris formosa

杜鹃花科 Ericaceae
马醉木属 *Pieris*

植株：常绿灌木或小乔木。

枝叶：叶披针形至长圆形，稀倒披针形。

花：总状花序簇生于枝顶的叶腋；花冠白色。

果：蒴果卵圆形。

花期：花期5—6月，果期7—9月。

实用价值：观赏和药用。

生境：生于海拔900～2300米的灌丛中。

中文名	描述

156

大白杜鹃
Rhododendron decorum

杜鹃花科 Ericaceae
杜鹃花属 *Rhododendron*

植株：常绿灌木或小乔木。

枝叶：树皮灰褐色或灰白色；幼枝绿色，无毛，老枝褐色；叶厚革质，长圆形、长圆状卵形至长圆状倒卵形。

花：顶生总状伞房花序；花冠宽漏斗状钟形，淡红色或白色。

果：蒴果长圆柱形，黄绿色至褐色。

花期：花期4—6月，果期9—10月。

实用价值：观赏和蜜源植物。

生境：生于海拔1000～3300(～4000)米的灌丛中或森林下。

157	中文名		描述

马缨杜鹃
Rhododendron delavayi

杜鹃花科 Ericaceae
杜鹃花属 *Rhododendron*

植株： 常绿灌木或小乔木。

枝叶： 树皮淡灰褐色，薄片状剥落；幼枝粗壮，被白色绒毛，后变为无毛；叶革质，长圆状披针形。

花： 顶生伞形花序；花冠肉质，深红色。

果： 蒴长圆柱形，黑褐色。

花期： 花期 5 月，果期 12 月。

实用价值： 观赏和蜜源植物。

生境： 生于海拔 1200～3200 米的常绿阔叶林或灌木丛中。

158	中文名		描述

泡泡叶杜鹃
Rhododendron edgeworthii

杜鹃花科 Ericaceae
杜鹃花属 *Rhododendron*

植株： 常绿灌木。

枝叶： 小枝密被黄棕色绵毛，毛下覆盖有散生的小鳞片，老枝毛随树皮脱落；叶卵状椭圆形、长圆形或长圆状披针形。

花： 花序顶生，花冠钟状或漏斗状钟形，芳香，乳白色或有时带粉红色。

果： 蒴果长圆状卵形或近球形，密被黄褐色绵毛和鳞片。

花期： 花期 4—6 月，果期 11 月。

实用价值： 观赏和蜜源植物。

生境： 生于海拔 2000～4000 米沟边、山坡、林中或林缘，常附生于铁杉、栎树等大树上或攀生于峭陡的岩壁或大漂石上。

159	中文名		描述

灰白杜鹃
Rhododendron genestierianum

杜鹃花科 Ericaceae
杜鹃花属 *Rhododendron*

植株： 常绿灌木。

枝叶： 老枝带紫色，光滑，幼枝疏生，被鳞片；叶生枝顶，披针形、长圆状披针形至倒披针形。

花： 总状花序顶生，花冠钟状，肉质，深红紫色，被明显的白粉。

果： 蒴果卵状长圆形。

花期： 花期 4 月下旬至 5 月，果期 6—8 月。

实用价值： 观赏和蜜源植物。

生境： 生于海拔 2000～4500 米常绿阔叶林林缘、沟边杂木林或高山灌丛中。

革叶杜鹃
Rhododendron coriaceum

杜鹃花科 Ericaceae
杜鹃花属 *Rhododendron*

植株：常绿小乔木或灌木。

枝叶：小枝被银灰色绒毛，老枝无毛。叶革质，倒卵形至倒披针形，下面有灰黄色的两层毛被，上层毛被为杯状，边缘光滑，下层毛被为灰白色紧贴的绒毛。

花：总状伞形花序，花冠漏斗状钟形，白色，有淡紫色条纹及紫斑块。

果：蒴果圆柱形，有棕色绒毛。

花期：花期 5 月，果期 7—9 月。

实用价值：观赏和蜜源植物。

生境：生于海拔 2900 ～ 3400 米的山坡灌丛中。

腋花杜鹃
Rhododendron racemosum

杜鹃花科 Ericaceae
杜鹃花属 *Rhododendron*

植株：小灌木。

枝叶：幼枝短而细，被黑褐色腺鳞，无毛或有时被微柔毛；叶片长圆形或长圆状椭圆形。

花：花序腋生枝顶或枝上部叶腋；花粉红色或淡紫红色。

果：蒴果长圆形，被鳞片。

花期：花期 3—5 月。

实用价值：观赏和蜜源植物。

生境：生于海拔 1500 ～ 3800 米云南松林、松栎林下，灌丛草地或冷杉林缘，常为上述植物群落的优势种。

红棕杜鹃
Rhododendron rubiginosum

杜鹃花科 Ericaceae
杜鹃花属 *Rhododendron*

植株：常绿灌木。

枝叶：幼枝粗壮，褐色，有鳞片；叶通常向下倾斜，椭圆形、椭圆状披针形或长圆状卵形。

花：花序顶生；花冠淡紫色、紫红色、玫瑰红色、淡红色、少有白色带淡紫色晕，内有紫红色或红色斑点。

果：蒴果长圆形。

花期：花期（3 ～）4—6 月，果期 7—8 月。

实用价值：观赏和蜜源植物。

生境：生于 2500 ～ 4200 米云杉、冷杉、落叶松林林缘或林间间隙地。

163	

中文名

锈叶杜鹃
Rhododendron siderophyllum

杜鹃花科 Ericaceae
杜鹃花属 *Rhododendron*

描述

植株：灌木。

枝叶：幼枝褐色，密被鳞片；叶散生，叶片椭圆形或椭圆状披针形。

花：花序顶生或同时腋生枝顶；花冠筒状漏斗形，白、淡红、淡紫或偶见玫红色，内面上方通常有黄绿色、淡红色或杏黄色斑或无斑。

果：蒴果长圆形。

花期：花期 3—6 月。

实用价值：观赏和蜜源植物。

生境：生于海拔 1200 ~ 3000 米山坡灌丛、杂木林或松林。

164	

中文名

凸尖杜鹃
Rhododendron sinograndе

杜鹃花科 Ericaceae
杜鹃花属 *Rhododendron*

描述

植株：常绿乔木。

枝叶：叶大，长圆状椭圆形或长圆状倒披针形。

花：顶生总状伞形花序或伞形花序，花冠宽钟形，肉质，乳白色至淡黄色。

果：蒴果大，木质，密被锈色绒毛。

花期：花期 4—5 月，果期 8—10 月。

实用价值：观赏和蜜源植物。

生境：生于海拔 2100 ~ 3600 米的高山杜鹃林或针叶林中。

165	

中文名

亮叶杜鹃
Rhododendron vernicosum

杜鹃花科 Ericaceae
杜鹃花属 *Rhododendron*

描述

植株：常绿灌木或小乔木。

枝叶：叶长圆状卵形至长圆状椭圆形。

花：顶生总状伞形花序；花冠宽漏斗状钟形，淡红色至白色。

果：蒴果长圆柱形，绿色至 浅褐色。

花期：花期 4—6 月，果期 8—10 月。

实用价值：观赏和蜜源植物。

生境：生于海拔 2650 ~ 4300 米的森林中。

163

163

164

164

165

165

中文名	描述

黄杯杜鹃
Rhododendron wardii

杜鹃花科 Ericaceae
杜鹃花属 *Rhododendron*

植株：灌木。

枝叶：幼枝嫩绿色，平滑无毛，老枝灰白色，树皮有时层状剥落；叶多密生于枝端，革质，长圆状椭圆形或卵状椭圆形。

花：总状伞形花序；花冠杯状，鲜黄色。

果：蒴果圆柱状。

花期：花期 6—7 月，果期 8—9 月。

实用价值：观赏和蜜源植物。

生境：生于 3000 ～ 4000 米的山坡、云杉及冷杉林缘、灌木丛中。

中文名	描述

云南杜鹃
Rhododendron yunnanense

杜鹃花科 Ericaceae
杜鹃花属 *Rhododendron*

植株：落叶、半落叶或常绿灌木，偶成小乔木。

枝叶：幼枝疏生鳞片，老枝光滑；叶片长圆形、披针形，长圆状披针形或倒卵形。

花：花序顶生或同时枝顶腋生；花冠白色、淡红色或淡紫色，内面有红、褐红、黄或黄绿色斑点。

果：蒴果长圆形。

花期：花期 4—6 月。

实用价值：观赏和蜜源植物。

生境：生于海拔 1600 ～ 4000 米山坡杂木林、灌丛、松林、松～栎林、云杉或冷杉林缘。

中文名	描述

毛叶珍珠花
Lyonia villosa

杜鹃花科 Ericaceae
珍珠花属 *Lyonia*

植株：灌木或小乔木。

枝叶：当年生枝条被淡灰色短柔毛，一年生以上枝条黄色或灰褐色，无毛；叶卵形或倒卵形。

花：总状花序腋生，花序轴密被黄褐色柔毛。

果：蒴果近球形，微被柔毛。

花期：花期 6—8 月，果期 9—10 月。

实用价值：药用植物和蜜源植物。

生境：生于灌丛中。

169	中文名	描述

云南甘草
Glycyrrhiza yunnanensis

豆科 Leguminosae
甘草属 *Glycyrrhiza*

植株：多年生草本。

枝叶：茎带木质，密被鳞片状腺点；托叶披针形，具腺点，无毛。

花：总状花序腋生，花冠紫色，旗瓣长卵形或椭圆形。

果：果序球状，荚果长卵形。

花期：花期 5—6 月，果期 7—9 月。

实用价值：叶做绿肥，根入药。

生境：生于林缘、灌丛中、田边、路旁。

170	中文名	描述

鸡仔木
Sinoadina racemosa

茜草科 Rubiaceae
鸡仔木属 *Sinoadina*

植株：半常绿或落叶乔木。

枝叶：树皮灰色，粗糙；叶对生，薄革质，宽卵形、卵状长圆形或椭圆形。

花：花冠淡黄色。

果：小蒴果倒卵状楔形，有稀疏的毛。

花期：花期花、果期 5—12 月。

实用价值：供制家具、农具、火柴杆、乐器等；树皮纤维可制麻袋、绳索及人造棉等；蜜源植物。

生境：生长于海拔 1300 ～ 1500 米处的山林中或水边。

171	中文名	描述

大花龙胆
Gentiana szechenyii

龙胆科 Gentianaceae
龙胆属 *Gentiana*

植株：多年生草本。

枝叶：叶边缘白色软骨质，密被乳突；茎生叶椭圆状披针形或卵状披针形。

花：花冠上部蓝色或蓝紫色，下部黄白色，具蓝灰色宽条纹。

果：蒴果内藏，狭椭圆形；子深褐色，表面具浅蜂窝状网隙。

花期：花果期 6—11 月。

实用价值：观赏和蜜源植物。

生境：生于海拔 3000 ～ 4800 米山坡草地。

中文名	描述

椭圆叶花锚
Halenia elliptica

龙胆科 Gentianaceae
花锚属 *Halenia*

植株：一年生草本。

枝叶：根黄褐色；茎四棱形；基生叶椭圆形。

花：聚伞花序腋生和顶生；花冠蓝色或紫色。

果：蒴果宽卵形，淡褐色。

花期：花果期 7—9 月。

实用价值：全草入药，蜜源植物。

生境：生于海拔 700 ～ 4100 米高山林下及林缘、山坡草地、灌丛中、山谷水沟边。

中文名	描述

倒提壶
Cynoglossum amabile

紫草科 Boraginaceae
琉璃草属 *Cynoglossum*

植株：多年生草本。

枝叶：基生叶具长柄，长圆状披针形或披针形。

花：花冠通常蓝色，稀白色。

果：小坚果卵形，背面微凹，密生锚状刺。

花期：花果期 5—9 月。

实用价值：有利尿消肿及治黄疸之功效；蜜源植物。

生境：生海拔 1250 ～ 4565 米山坡草地、山地灌丛、干旱路边及针叶林缘。

中文名	描述

粗糠树
Ehretia dicksonii

紫草科 Ehretiaceae
厚壳树属 *Ehretia dicksonii*

植株：落叶乔木。

枝叶：叶椭圆形。

花：聚伞花序顶生；花冠筒状钟形，白色至淡黄色，芳香。

果：核果黄色。

花期：花期 3—5 月，果期 6—7 月。

实用价值：可栽培供观赏。

生境 生海拔 125 ～ 2300 米山坡疏林及土质肥沃的山脚阴湿处。

中文名	描述
微孔草 *Microula sikkimensis* 紫草科 Boraginaceae 微孔草属 *Microula*	**植株**：草本。 **枝叶**：茎被刚毛，有时还混生稀疏糙伏毛；叶卵形、狭卵形至宽披针形。 **花**：花序密集；花冠蓝色或蓝紫色。 **果**：小坚果卵形，有小瘤状突起和短毛。 **花期**：花期 5—9 月开花。 **实用价值**：蜜源植物。 **生境**：生于海拔 3000 ～ 4500 米山坡草地、灌丛下、林边、河边多石草地，田边或田中。

中文名	描述
假酸浆 *Nicandra physaloides* 茄科 Solanaceae 假酸浆属 *Nicandra*	**植株**：草本。 **枝叶**：茎有棱条，叶卵形或椭圆形，草质。 **花**：花冠钟状，浅蓝色。 **果**：浆果球状，黄色。 **花期**：花果期夏秋季。 **实用价值**：镇静，祛痰，清热，解毒；蜜源植物。 **生境**：生于田边、荒地、屋园周围、篱笆边。

中文名	描述
素馨花 *Jasminum grandiflorum* 木犀科 Oleaceae 素馨属 *Jasminum*	**植株**：攀援灌木。 **枝叶**：小枝圆柱形，具棱或沟；叶对生，小叶片卵形或长卵形，顶生小叶片常为窄菱形。 **花**：聚伞花序顶生或腋生，花芳香；花萼无毛，裂片锥状线形，花冠白色，高脚碟状。 **花期**：花期 4—5 月。 **实用价值**：蜜源植物和观赏植物。 **生境**：石灰岩山地。

中文名	描述

女贞
Ligustrum lucidum

木樨科 Oleaceae
女贞属 *Ligustrum*

植株：灌木或乔木。

枝叶：树皮灰褐色；枝黄褐色、灰色或紫红色，疏生圆形或长圆形皮孔；叶片常绿，革质，椭圆形。

花：圆锥花序顶生。

果：果肾形或近肾形，深蓝黑色，成熟时呈红黑色，被白粉。

花期：花期5—7月，果期7月至翌年5月。

实用价值：果实用于肚肾不足、腰膝酸痛等症；蜜源植物和观赏植物。

生境：生于海拔2900米以下疏、密林中。

中文名	描述

小叶女贞
Ligustrum quihoui

木樨科 Oleaceae
女贞属 *Ligustrum*

植株：落叶灌木。

枝叶：小枝淡棕色，密被微柔毛，后脱落；叶片薄革质。

花：圆锥花序顶生。

果：果倒卵形，呈紫黑色。

花期：花期5—7月，果期8—11月。

实用价值：叶入药，具清热解毒等功效，治烫伤、外伤；观赏和蜜源植物。

生境：生于海拔100～2500米沟边、路旁或河边灌丛中，或山坡。

中文名	描述

管花木犀
Osmanthus delavayi

木樨科 Oleaceae
木樨属 *Osmanthus*

植株：常绿灌木。

枝叶：幼枝红棕色，均密被柔毛；叶片厚革质，长圆形，宽椭圆形或宽卵形。

花：花序簇生于叶腋或小枝顶端；花冠白色。

果：果椭圆状卵形，呈蓝黑色。

花期：花期4—5月，果期9—10月。

实用价值：果实用于小儿口腔炎、烧烫伤、黄水疮；蜜源植物和观赏植物。

生境：生于海拔2100～3400米的山地、沟边或灌丛中，或杂木林中。

中文名	描述

珊瑚苣苔
Corallodiscus cordatulus

苦苣苔科 Gesneriaceae
珊瑚苣苔属 *Corallodiscus*

植株： 多年生草本。

枝叶： 叶全部基生，莲座状，外层叶具柄；叶片革质，卵形，长圆形。

花： 花冠筒状，淡紫色、紫蓝色。

果： 蒴果线形。

花期： 花期 6 月，果期 8 月。

实用价值： 全草药用，治跌打损伤；蜜源植物。

生境： 生于海拔 1000～2300 米山坡岩石上。

中文名	描述

小婆婆纳
Veronica serpyllifolia

车前科 Plantaginaceae
婆婆纳属 *Veronica*

植株： 多年生草本。

枝叶： 叶无柄，有时下部的有极短的叶柄，卵圆形至卵状矩圆形。

花： 花冠蓝色、紫色或紫红色。

果： 蒴果肾形或肾状倒心形。

花期： 花期 4—6 月。

实用价值： 活血散瘀，止血，解毒；蜜源植物。

生境： 生中山至高山湿草甸。

中文名	描述

白背枫
Buddleja asiatica

玄参科 Scrophulariaceae
醉鱼草属 *Buddleja*

植株： 直立灌木或小乔木。

枝叶： 叶对生，狭椭圆形、披针形或长披针形。

花： 总状花序窄而长；花冠芳香，白色，有时淡绿色。

果： 蒴果椭圆状。

花期： 花期 1—10 月，果期 3—12 月。

实用价值： 根和叶供药用，花芳香，可提取芳香油。

生境： 海拔 200～3000 米向阳山坡灌木丛中或疏林缘。

中文名	描述

紫花醉鱼草
Buddleja fallowiana

玄参科 Scrophulariaceae
醉鱼草属 *Buddleja*

植株：灌木。

枝叶：枝条密被白色或黄白色星状绒毛及腺毛；叶对生，叶片纸质，窄卵形、披针形或卵状披针形。

花：花芳香，花冠紫色，喉部橙色。

果：蒴果长卵形，被疏星状毛。

花期：花期 5—10 月，果期 7—12 月。

实用价值：嫩茎和花可供药用；蜜源植物。

生境：生于海拔 1200 ～ 3800 米山地疏林中或山坡灌木丛中。

中文名	描述

毛蕊花
Verbascum thapsus

玄参科 Scrophulariaceae
毛蕊花属 *Verbascum*

植株：二年生草本。

枝叶：全株被密而厚的浅灰黄色星状毛；基生叶和下部的茎生叶倒披针状矩圆形。

花：花冠黄色。

果：蒴果卵形。

花期：花期 6—8 月，果期 7—10 月。

实用价值：清热解毒，止血；蜜源植物。

生境：生于海拔 1400 ～ 3200 米山坡草地、河岸草地。

中文名	描述

鸡肉参
Incarvillea mairei

紫葳科 Bignoniaceae
角蒿属 *Incarvillea*

植株：多年生草本。

枝叶：叶基生，卵形；顶生小叶阔卵圆形，顶端钝。

花：总状花序有 2 ～ 4 朵花，着生花序近顶端；花冠紫红色或粉红色。

果：蒴果圆锥状。

花期：花期 5—7 月，果期 9—11 月。

实用价值：根主要治产后少乳，久病虚弱，头晕，贫血；蜜源植物。

生境：生于海拔 2400 ～ 4500 米高山石砾堆、山坡路旁向阳处。

中文名	描述

马鞭草
Verbena officinalis

马鞭草科 Verbenaceae
马鞭草属 *Verbena*

植株: 多年生草本。

枝叶: 茎四方形,叶片卵圆形至倒卵形或长圆状披针形。

花: 穗状花序顶生和腋生,花冠淡紫至蓝色。

果: 果长圆形,外果皮薄,成熟时 4 瓣裂。

花期: 花期 6—8 月,果期 7—10 月。

实用价值: 清热解毒、活血散瘀、利尿消肿;蜜源植物。

生境: 常见于山坡、路旁、宅边。

中文名	描述

藿香
Agastache rugosa

唇形科 Lamiaceae
藿香属 *Agastache*

植株: 多年生草本。

枝叶: 茎四棱形,叶心状卵形至长圆状披针形。

花: 轮伞花序多花,在主茎或侧枝上组成顶生密集的圆筒形穗状花序;花冠淡紫蓝色。

果: 小坚果卵状长圆形。

花期: 花期 6—9 月,果期 9—11 月。

实用价值: 全草入药,有止呕吐,清暑等效;果可作香料;叶及茎均富含挥发性芳香油,为芳香油原料。

生境: 广泛栽培。

中文名	描述

臭牡丹
Clerodendrum bungei

唇形科 Lamiaceae
大青属 *Clerodendrum*

植株: 灌木。

枝叶: 植株有臭味;叶片纸质,宽卵形或卵形。

花: 伞房状聚伞花序顶生,花冠淡红色、红色或紫红色。

果: 核果近球形,成熟时蓝黑色。

花期: 花果期 5—11 月。

实用价值: 茎叶或根祛风解表、消肿止疼;蜜源植物。

生境: 生于海拔 2500 米以下的山坡、林缘、沟谷、路旁、灌丛润湿处。

中文名

滇常山
Clerodendrum yunnanense var. yunnanense

唇形科 Lamiaceae
大青属 *Clerodendrum*

描述

植株：灌木。

枝叶：植株有臭味；幼枝、花序、幼叶及叶柄都密被黄褐色绒毛；叶片纸质，宽卵形、卵形或心形。

花：花冠白色或粉红色。

果：核果近球形，成熟时蓝黑色。

花期：花果期 4—10 月。

实用价值：治疟疾，风湿，水肿，胀闷腹痛；蜜源植物。

生境：生于海拔 2000～3000 米的山坡疏林或山谷沟边灌丛湿润的地方。

中文名

松叶青兰
Dracocephalum forrestii

唇形科 Lamiaceae
冠唇花属 *Dracocephalum*

描述

植株：多年生草本。

枝叶：叶无柄。

花：轮伞花序；花冠蓝紫色。

果：小坚果长圆形，光滑。

花期：花期 8—9 月。

实用价值：蜜源植物。

生境：生于海拔 2300～3500 米亚高山多石的灌丛草甸中。

中文名

香薷
Elsholtzia ciliata

唇形科 Lamiaceae
香薷属 *Elsholtzia*

描述

植株：草本。

枝叶：茎钝四棱形，具槽，呈麦秆黄色，老时变紫褐色；叶卵形或椭圆状披针形。

花：花冠淡紫色。

果：小坚果长圆形，棕黄色。

花期：花期 7—10 月，果期 10 月至翌年 1 月。

实用价值：全草入药，治急性肠胃炎、腹痛吐泻等；嫩叶尚可喂猪；蜜源植物。

生境：生于路旁、山坡、荒地、林内、河岸。

中文名	描述

鸡骨柴
Elsholtzia fruticosa

唇形科 Lamiaceae
香薷属 *Elsholtzia*

植株：灌木。

枝叶：茎、枝钝四棱形，具浅槽，黄褐色或紫褐色；叶披针形或椭圆状披针形。

花：花冠白色至淡黄色。

果：小坚果长圆形，腹面具棱。

花期：花期 7—9 月，果期 10—11 月。

实用价值：主治风湿关节疼痛；和蜜源植物。

生境：生于海拔 1200 ~ 3200 米山谷侧边、谷底、路旁、开旷山坡及草地中。

中文名	描述

淡黄香薷
Elsholtzia luteola

唇形科 Lamiaceae
香薷属 *Elsholtzia*

植株：一年生草本。

枝叶：叶披针形；穗状花序。

花：花冠淡黄色。

果：小坚果长圆形，黑褐色。

花期：花期 9—10 月，果期 10—11 月。

实用价值：蜜源植物。

生境：生于海拔 2200 ~ 3600 米林边、草坡或溪沟边潮湿地。

中文名	描述

野拔子
Elsholtzia rugulosa

唇形科 Lamiaceae
香薷属 *Elsholtzia*

植株：草本至半灌木。

枝叶：茎枝钝四棱形，密被白色微柔毛；叶卵形，椭圆形至近菱状卵形。

花：花冠白色，有时为紫或淡黄色。

果：小坚果长圆形，淡黄色。

花期：花期花、果期 10—12 月。

实用价值：全株可做药，也含芳香油；蜜源和香料植物。

生境：生于海拔 1300 ~ 2800 米山坡草地、旷地、路旁、林中或灌丛中。

131

中文名	描述

益母草
Leonurus artemisia

唇形科 Lamiaceae
益母草属 *Leonurus*

植株: 一年生或二年生草本。

枝叶: 茎直立, 钝四棱形, 有倒向糙伏毛。

花: 花冠粉红至淡紫红色。

果: 小坚果长圆状三棱形, 淡褐色。

花期: 花期通常在 6—9 月, 果期 9—10 月。

实用价值: 全草入药和蜜源植物。

生境: 山坡草地、田埂、溪边、路旁或村前。

中文名	描述

牛至
Origanum vulgare

唇形科 Lamiaceae
牛至属 *Origanum*

植株: 多年生草本或半灌木。

枝叶: 茎带紫色, 四棱形, 具倒向或微蜷曲的短柔毛; 叶片卵圆形或长圆状卵圆形。

花: 花序呈伞房状圆锥花序; 花冠紫红、淡红至白色。

果: 小坚果卵圆形, 褐色。

花期: 花期 7—9 月, 果期 10—12 月。

实用价值: 全草即可做药, 又可提芳香油; 也是蜜源植物。

生境: 生于海拔 500 ~ 3600 米路旁、山坡、林下及草地。

中文名	描述

紫苏
Perilla frutescens

唇形科 Lamiaceae
紫苏属 *Perilla*

植株: 一年生、直立草本。

枝叶: 茎绿色或紫色, 钝四棱形, 具四槽, 密被长柔毛; 叶阔卵形或圆形, 边缘在基部以上有粗锯齿, 两面绿色或紫色, 叶柄密被长柔毛。

花: 花冠白色至紫红色。

果: 小坚果近球形, 灰褐色。

花期: 花期 8—11 月, 果期 8—12 月。

实用价值: 药用、香料、蜜源植物。

生境: 各地广泛栽培。

中文名	描述

夏枯草
Prunella vulgaris

唇形科 Lamiaceae
夏枯草属 *Prunella*

植株：多年生草木。

枝叶：茎钝四棱形，其浅槽，紫红色；茎叶卵状长圆形或卵圆形。

花：轮伞花序；花冠紫、蓝紫或红紫色。

果：小坚果黄褐色，长圆状卵珠形，微具沟纹。

花期：花期 4—6 月，果期 7—10 月。

实用价值：药用和蜜源植物。

生境：常见于荒山、疏林、田埂和路旁。

中文名	描述

毛地黄鼠尾草
Salvia digitaloides

唇形科 Lamiaceae
鼠尾草属 *Salvia*

植株：多年生直立草本。

枝叶：茎密被长柔毛，叶片长圆状椭圆形。

花：花冠黄色，有淡紫色的斑点。

果：小坚果灰黑色，倒卵圆形。

花期：花期 4—6 月。

实用价值：根入药；蜜源植物。

生境：生于海拔 2500 ～ 3400 米松林下荫燥地或旷坡草地上。

中文名	描述

荔枝草
Salvia plebeia

唇形科 Lamiaceae
鼠尾草属 *Salvia*

植株：一年生或二年生草本。

枝叶：叶椭圆状卵圆形或椭圆状披针形。

花：轮伞花序；花冠淡红、淡紫、紫、蓝紫至蓝色，稀白色。

果：小坚果倒卵圆形。

花期：花期 4—5 月，果期 6—7 月。

实用价值：全草入药。

生境：生于海拔 2800 米以下山坡，路旁，沟边，田野潮湿的土壤上。

199

200

200

200

201

201

中文名	描述

202

来江藤
Brandisia hancei

列当科 Orobanchaceae
来江藤属 *Brandisia*

植株：灌木。

枝叶：全体密被锈黄色星状绒毛，枝及叶上面逐渐变无毛；叶片卵状披针形。

花：花单生于叶腋，花冠橙红色。

果：蒴果卵圆形，有短喙，具星状毛。

花期：花期 11 月至翌年 2 月，果期 3—4 月。

实用价值：全株入药，能清热解毒、祛风利湿；蜜源植物。

生境：生长在海拔 600—800 米处山坡灌木丛中。

203

大王马先蒿
Pedicularis rex

列当科 Orobanchaceae
马先蒿属 *Pedicularis*

植株：多年生草本。

枝叶：茎干时不变黑色，有棱角和条纹；叶片羽状全裂或深裂，边缘缘有锯齿。

花：花序总状，花冠黄色。

果：蒴果卵圆形，种子具浅蜂窝状孔纹。

花期：花期 6—8 月；果期 8—9 月。

实用价值：观赏和蜜源植物。

生境：生于海拔 2500～4300 米的空旷山坡草地与稀疏针叶林中。

204

陷脉冬青
Ilex delavayi

冬青科 Aquifoliaceae
冬青属 *Ilex*

植株：常绿灌木或乔木。

枝叶：叶生于 1～2 年生枝上，叶片近革质，椭圆状披针形或倒卵状椭圆形。

花：花序簇生于二年生枝叶腋内，花淡绿色。

果：果实球形，成熟时红色。

花期：花期 5—6 月，果期 8—11 月。

实用价值：观赏和蜜源植物。

生境：生于海拔 2700～3600 米的山坡杂木林、杜鹃林或灌丛中。

中文名	描述

205

双核枸骨
Ilex dipyrena

冬青科 Aquifoliaceae
冬青属 *Ilex*

植株： 常绿乔木。

枝叶： 叶片厚革质，椭圆状长圆形、椭圆形或卵状椭圆形。

花： 花序簇生于二年生枝的叶腋内，花淡绿色。

果： 果实球形，幼时绿色，成熟后红色。

花期： 花期 4—7 月，果期 10—12 月。

实用价值： 观赏和蜜源植物。

生境： 生于海拔 2000 ～ 3400 米的山谷，箐边常绿阔叶林、混交林及灌丛中。

206

蓝钟花
Cyananthus hookeri

桔梗科 Campanulaceae
蓝钟花属 *Cyananthus*

植株： 一年生草本。

枝叶： 叶互生，花下数枚常聚集呈总苞状；叶片菱形、菱状三角形或卵形。

花： 花小，花冠紫蓝色。

果： 蒴果卵圆状，成熟时露出花萼外。

花期： 花期 8—9 月。

实用价值： 观赏和蜜源植物。

生境： 生于海拔 2700 ～ 4700 米的山坡草地、路旁或沟边。

207

桔梗
Platycodon grandiflorus

桔梗科 Campanulaceae
桔梗属 *Platycodon*

植株： 草本。

枝叶： 叶全部轮生，叶片卵形，卵状椭圆形至披针形。

花： 花单朵顶生，被白粉，裂片三角形；花冠蓝色或紫色。

果： 蒴果球状，或球状倒圆锥形。

花期： 花期 7—9 月。

实用价值： 药用和蜜源植物。

生境： 多栽培。

中文名

三脉紫菀
Aster ageratoides

菊科 Asteraceae
紫菀属 *Aster*

植株：多年生草本，亚灌木或灌木。

枝叶：叶长圆披针形或狭披针形。

花：舌状花紫色或红色。

果：瘦果倒卵状长圆形，灰褐色。

花期：花果期 7—12 月。

实用价值：用治风热感冒，用以代马兰或紫菀。

生境：生于林下、林缘、灌丛及山谷湿地。

中文名

鬼针草
Bidens pilosa

菊科 Asteraceae
鬼针草属 *Bidens*

植株：一年生草本。

枝叶：中部小叶椭圆形或卵状椭圆形，顶生小叶长椭圆形或卵状长圆形。

花：头撞华西；无舌状花，盘花筒状。

果：瘦果黑色，具倒刺毛。

花期：花期 8—9 月。果期 9—11 月。

实用价值：全草含生物碱、鞣质、皂苷、黄酮甙。茎叶含挥发油，果实含油 27.3%。

生境： 生于路边、荒野或住宅旁。

中文名

丽江蓟
Cirsium lidjiangense

菊科 Asteraceae
蓟属 *Cirsium*

植株：多年生草本。

枝叶：全部茎枝有条棱，下部全形椭圆形，全部叶两面异色，上面绿色或淡绿色，下面灰白色，被密厚的绒毛。

花：头状花序棉球状，下垂；小花红紫色。

果：瘦果褐色。

花期：花果期 6—8 月。

实用价值：蜜源和药用植物。

生境：云南西北部维西、丽江、屏边、凤庆等地，常见于草甸。

中文名	描述

小蓬草
Conyza canadensis

菊科 Asteraceae
香丝草属 *Conyza*

植株：一年生草本。

枝叶：叶密集，叶倒披针形。

花：头状花序多数；雌花舌状，白色；两性花淡黄色。

果：瘦果线状披针形。

花期：花期 5—9 月。

实用价值：嫩茎、叶可作猪饲料；全草入药。

生境：常生长于旷野、荒地、田边和路旁，为一种常见的杂草。

中文名	描述

六棱菊
Laggera alata

菊科 Asteraceae
六棱菊属 *Laggera*

植株：多年生草本。

枝叶：叶长圆形或匙状长圆形。

花：头状花序多数；全部花冠淡紫色。

果：瘦果圆柱形。

花期：花期 10 月至翌年 2 月。

实用价值：祛风利湿，活血解毒。用于风湿关节炎，闭经，肾炎水肿。

生境：生于旷野、路旁以及山坡阳处地。

中文名	描述

翅柄橐吾
Ligularia alatipes

菊科 Asteraceae
橐吾属 *Ligularia*

植株：多年生草本。

枝叶：茎上部被白色蛛丝状柔毛和黄色有节短柔毛，丛生叶与茎下部叶具柄，叶片卵状心形。

花：舌状花黄色。

果：瘦果（未熟）光滑。

花期：花期 7—8 月。

实用价值：蜜源植物。

生境：生于海拔 2740 ～ 3600 米的草地及草丛中。

214

洱源橐吾
Ligularia lankongensis

菊科 Asteraceae
橐吾属 *Ligularia*

植株： 多年生草本。

枝叶： 茎被枯叶柄纤维包围；丛生叶具柄，叶片卵形或三角形。

花： 总状花序。

果： 瘦果圆柱形。

花期： 花果期 4—8 月。

实用价值： 蜜源植物。

生境： 生于海拔 2100 ～ 3350 米的山坡、灌丛及林下。

215

丽江橐吾
Ligularia lidjiangensis

菊科 Asteraceae
橐吾属 *Ligularia*

植株： 多年生草本。

枝叶： 丛生叶近直立，叶片卵状心形。

花： 总状花序。

果： 瘦果圆柱形。

花期： 花果期 8—9 月。

实用价值： 蜜源植物。

生境： 生于海拔 2600—3260 米的水边及草坡。

216

毛裂蜂斗菜
Petasites tricholobus

菊科 Asteraceae
蜂斗菜属 *Petasites*

植株： 多年生草本。

枝叶： 早春从根状茎长出花茎，雌雄异株。

花： 聚伞状圆锥花序。

果： 瘦果圆柱形。

花期： 花期 4—5 月，果期 6 月。

实用价值： 根状茎供药用，能解毒祛瘀，外敷治跌打损伤、骨折及蛇伤。

生境： 生于海拔 700 ～ 4200 米山谷路旁或水旁。

中文名	描述

云木香
Saussurea costus

菊科 Asteraceae
风毛菊属 *Saussurea*

植株: 多年生草本。

枝叶: 茎直立,有棱。

花: 头状花序单生茎端或枝端;小花暗紫色。

果: 瘦果浅褐色。

花期: 花果期 7 月。

实用价值: 根入药,有健脾和胃、调气解郁、止痛、安胎之效。

生境: 云南维西、丽江等地区栽培。

中文名	描述

千里光
Senecio scandens

菊科 Asteraceae
千里光属 *Senecio*

植株: 多年生攀援草本。

枝叶: 叶片卵状披针形至长三角形。

花: 头状花序。

果: 瘦果圆柱形。

花期: 花期 9—11 月,果期 12 月。

实用价值: 清热解毒、活血消肿、清肝明目。

生境: 生于海拔 50 ~ 3200 米森林、灌丛中,攀援于灌木、岩石上或溪边。

中文名	描述

血满草
Sambucus adnata

五福花科 Adoxaceae
接骨木属 *Sambucus*

植株: 多年生高大草本或半灌木。

枝叶: 根和根茎红色,折断后流出红色汁液;茎草质,具明显的棱条;羽状复叶具叶片状或条形的托叶;小叶长椭圆形、长卵形或披针形。

花: 聚伞花序顶生,花冠白色。

果: 果实红色,圆形。

花期: 花期 5—7 月,果熟期 9—10 月。

实用价值: 跌打损伤药,能活血散瘀,亦可去风湿,利尿。

生境: 生于海拔 1600 ~ 3600 米林下、沟边、灌丛中、山谷斜坡湿地以及高山草地等处。

中文名	描述

接骨草
Sambucus chinensis

五福花科 Adoxaceae
接骨木属 *Sambucus*

植株：高大草本或半灌木。

枝叶：茎有棱条，髓部白色；羽状复叶的托叶叶状或有时退化成蓝色的腺体；小叶 2 互生或对生，狭卵形。

花：复伞形花序顶生，花冠白色。

果：果实红色，近圆形。

花期：花期 4—5 月，果熟期 8—9 月。

实用价值：祛风通络，消肿，解毒，活血，止痛；蜜源植物。

生境：生于海拔 300 ～ 2600 米的山坡、林下、沟边和草丛中，亦有栽种。

中文名	描述

桦叶荚蒾
Viburnum betulifolium

五福花科 Adoxaceae
荚蒾属 *Viburnum*

植株：落叶灌木或小乔木。

枝叶：叶厚纸质或略带革质，干后变黑色，宽卵形至菱状卵形或宽倒卵形，稀椭圆状、矩圆形。

花：复伞形式聚伞花序顶生或生于具 1 对叶的侧生短枝上，花冠白色。

果：果实红色。

花期：花期 6—7 月，果熟期 9—10 月。

实用价值：茎皮纤维可制绳索及造纸；药用和蜜源植物。

生境：生于海拔 1300 ～ 3100 米山谷林中或山坡灌丛中。

中文名	描述

水红木
Viburnum cylindricum

五福花科 Adoxaceae
荚蒾属 *Viburnum*

植株：常绿灌木或小乔木。

枝叶：叶革质，椭圆形至矩圆形或卵状矩圆形。

花：聚伞花序伞形式，花冠白色或有红晕。

果：果实先红色后变蓝黑色，卵圆形。

花期：花期 6—10 月，果熟期 10—12 月。

实用价值：叶、树皮、花和根供药用。树皮和果实可提制栲胶。种子可制肥皂；云南民间用以点灯。

生境：生于海拔 500 ～ 3300 米阳坡疏林或灌丛中。

中文名	描述

川续断
Dipsacus asperoides

忍冬科 Caprifoliaceae
川续断属 *Dipsacus*

植株：多年生草本。

枝叶：基生叶稀疏丛生，叶片琴状羽裂。

花：头状花序球形。

果：瘦果长倒卵柱状。

花期：花期 7—9 月，果期 9—11 月。

实用价值：根入药，强筋骨、续筋接骨、活血祛瘀；蜜源植物。

生境：沟边草丛或林中。

中文名	描述

金银忍冬
Lonicera maackii

忍冬科 Caprifoliaceae
忍冬属 *Lonicera*

植株：落叶灌木。

枝叶：叶纸质，通常卵状椭圆形至卵状披针形。

花：花芳香，生于幼枝叶腋，花冠先白色后变黄色。

果：果实暗红色，圆形。

花期：花期 5—6 月，果熟期 8—10 月。

实用价值：祛风，清热，解毒和蜜源植物，亦可观赏。

生境：生于海拔 1300 ~ 2800 米的林下、林缘、山坡及路旁。

中文名	描述

唐古特忍冬
Lonicera tangutica

忍冬科 Caprifoliaceae
忍冬属 *Lonicera*

植株：落叶灌木。

枝叶：叶纸质，倒披针形至矩圆形或倒卵形至椭圆形。

花：总花梗生于幼枝下方叶腋。

果：果实红色，种子淡褐色。

花期：花期 5—6 月，果熟期 7—8 月（西藏 9 月）。

实用价值：观赏和蜜源植物。

生境：生于海拔 1600 ~ 3900 米云杉、落叶松、栎和竹等林下或混交林中及山坡草地，或溪边灌丛中。

中文名	描述

226

大花刺参
Morina nepalensis var. *delavayi*

忍冬科 Caprifoliaceae
刺参属 *Morina*

植株：多年生草本。

枝叶：基生叶线状披针形，边缘有疏刺毛；茎生叶长圆状卵形至披针形。

花：花冠红色或紫色；花径 1.2 ～ 1.5 厘米。

果：果柱形，蓝褐色，被短毛，具皱纹。

花期：花期 6—8 月，果期 7—9 月。

实用价值：药用和观赏，蜜源植物。

生境：生于海拔 3000 ～ 4000 米的山坡草甸。

227

匙叶甘松
Nardostachys jatamansi

忍冬科 Caprifoliaceae
甘松属 *Nardostachys*

植株：多年生草本。

枝叶：根状茎，有烈香；叶丛生，长匙形或线状倒披针形。

花：花序为聚伞性头状；花冠紫红色。

果：瘦果倒卵形。

花期：花期 6—8 月。

实用价值：著名香料植物。

生境：生于海拔 2600 ～ 5000 米高山灌丛、草地。

228

匙叶翼首花
Pterocephalus hookeri

忍冬科 Caprifoliaceae
蓬首花属 *Pterocephalus*

植株：多年生无茎草本。

枝叶：叶全部基生，成莲座丛状，叶片轮廓倒披针形。

花：头状花序单生茎顶，花冠黄白色至淡紫色。

果：瘦果，淡棕色，具 8 条纵棱。

花期：花果期 7—10 月。

实用价值：清热解毒、祛风除湿；蜜源植物。

生境：生于海拔 1800 ～ 4800 米的山野草地、高山草甸及耕地附近。

226

226

227

228

227

中文名	描述

蜘蛛香
Valeriana jatamansi

忍冬科 Caprifoliaceae
缬草属 *Valeriana*

植株：草本。

枝叶：根茎粗厚，块柱状，节密，有浓烈香味。

花：花序为顶生的聚伞花序，花白色或微红色，杂性。

果：瘦果长卵形，两面被毛。

花期：花期 5—7 月，果期 6—9 月。

实用价值：药用和香料植物。

生境：山顶草地、林中或溪边。

中文名	描述

狭叶五加
Acanthopanax wilsonii

五加科 Araliaceae
五加属 *Acanthopanax*

植株：灌木。

枝叶：叶有小叶 3 ～ 5 叶柄无毛，倒披针形、披针形或长圆状倒披针形。

花：伞形花序单个顶生，花黄绿色。

果：果实球形，有 5 棱。

花期：花期 6—7 月，果期 9—10 月。

实用价值：蜜源植物。

生境：生于海拔 2700 ～ 3600 米森林下或灌木林下。

中文名	描述

楤木
Aralia chinensis

五加科 Araliaceae
楤木属 *Aralia*

植株：灌木或小乔木。

枝叶：叶为二回或三回羽状复叶；小叶片薄纸质或膜质，阔卵形、卵形至椭圆状卵形。

花：圆锥花序，花黄白色。

果：果实球形，黑色。

花期：花期 6—8 月，果期 9—10 月。

实用价值：根皮和茎皮入药；嫩尖可食用。

生境：生于山沟、林缘和山坡。

229

229

230

230

231

231

中文名	描述

常春藤
Hedera nepalensis var. *sinensis*

五加科 Araliaceae
常春藤属 *Hedera*

植株：常绿攀援灌木。

枝叶：叶片革质，在不育枝上通常为三角状卵形或三角状长圆形，稀三角形或箭形，花枝上的叶片通常为椭圆状卵形至椭圆状披针形。

花：伞形花序单个顶生，花淡黄白色或淡绿白色，芳香。

果：果实球形，红色或黄色。

花期：花期 9—11 月，果期次年 3—5 月。

实用价值：植株可祛风活血、消肿；蜜源植物。

生境：攀援在林缘的其他树干上。

中文名	描述

异叶梁王茶
Nothopanax davidii

五加科 Araliaceae
梁王参属 *Nothopanax*

植株：灌木或乔木。

枝叶：叶为单叶，长圆状卵形至长圆状披针形。

花：圆锥花序顶生，花白色或淡黄色，芳香。

果：果实球形，黑色。

花期：花期 6—8 月，果期 9—11 月。

实用价值：树皮、枝、叶入药，清热解毒；蜜源植物。

生境：生于 2500～3000 米疏林或阳性灌木林中、林缘，路边和岩石山上也有生长。

中文名	描述

芫荽
Coriandrum sativum

伞形科 Apiaceae
芫荽属 *Coriandrum*

植株：一年生或二年生。

枝叶：叶片 1 或 2 回羽状全裂，羽片广卵形或扇形半裂。

花：伞形花序顶生或与叶对生，花白色或带淡紫色。

果：果实圆球形。

花期：花果期 4—11 月。

实用价值：用于麻疹、水痘透发不畅、风寒感冒等症；香料植物。

生境：各地均有栽培。

中文名索引

中文名索引

中文名索引

中文名索引

拉丁学名索引

拉丁学名索引

拉丁学名索引

拉丁学名索引